KB010822

서문문고
309

한국의 굿놀이(상)

대동놀이 · 개인놀이 · 탈놀이 · 제례및의식

정수미 지음

참고문헌

- 단행본 -

김형권, 『영산의 민속문화』, 3·1 민속문화향상회, 1

문화체육부 문화재관리국, 『문화재대관-중요무형문화재편(증보)』, 서울, 1996

문화체육부 한국문화재보호재단, 『한국의 탈』, 대학사, 1996

전경욱, 『북청사자놀음전수교본』, 북청사자놀이보존회, 1996

서연호, 『서낭굿탈놀이』, 열화당, 1991

이우영, 『기지시 줄다리기』, 집문당, 1986

경기도, 『경기도의 민속예술』, 수원, 1996

한국민속사전편찬위원회, 『한국민속대사전 1·2』, 민족문화사, 1991

심우성, 『남사당패연구』, 동문선, 1989

- 논문 및 자료 -

김의숙, 「양구돌산령지게놀이의 발생과 전승방안」,
        『양구지역전통문화학술세미나』, 양구군·양구문화원, 1998

이병옥, 「송파산대놀이연구」, 고려대학교 교육대학원 석사학위, 1981

이균옥, 「야류·오광대연구」, 경북대학교 대학원 석사학위, 1985

- 팜플렛 -

「제3회 진주탈춤한마당」, (재) 삼광문화연구재단, 1998

「종묘대제」, (사)전주이씨대종약원, 종묘, 1996

「제24회 고성오광대 발표공연」, 고성오광대보존회, 1995

「제27회 중요무형문화재 발표공연」, 한국문화재보호재단, 1996

「제24회 중요무형문화재 공연」, 한국문화재보호재단, 1993

「제35회 전국민속예술경연대회출연작 양구 바랑골농요」, 양구군, 1994

「제2회 영월동강뗏목축제」, 영월군, 1998

「남사당놀이 여섯마당발표공연」, 국립국악원, 남사당놀이보존회, 1997

「제36회 3·1 민속문화제」, 3·1 민속문화향상회, 1997

「기지시줄다리기」, 기지시줄다리기 보존회, 1995

「제24회 자인단오-한장군놀이」, 경산시, 1999

「제37회 전국민속예술경연대회」, 경기도·성남시, 1996

머릿글

책을 만든다는 것이 얼마나 힘들고 어려운 일인지 새삼 느꼈습니다. 원고 청탁을 받으면서 3개월 내로 마감하겠다고 시작한 일이 1년이 지나서야 겨우 마무리를 지을 수 있었으니 말입니다.

일반 사진 작품집이면 사진으로 모든 것을 표현하고 대변하겠지만, 민속 사진이다 보니 자료로서의 가치와 사진이 갖는 특성을 결합시켜야 하는 이중의 고충이 따랐습니다. 설명문을 추가로 써야 한다는 것은 고문에 가까웠고요...

막상 사진을 고르고 글을 쓰려하니 사진도 많이 부족할 뿐더러 글은 더더욱 자신이 없었습니다. 해당 전공분야의 학자에게 조언을 구하기도 하고, 연희자들에게 가르침을 받아야만 했습니다. 가르침을 주신 분들의 기대에 분명 못 미치겠지만 아쉬움을 접기로 하였습니다.

생활현장에서 연행된 사진으로만 채우지 못한 아쉬움도 남습니다. 최대한 현장기록을 남기려는 바람은 여전히 숙제로 남겨야 할 것 같습니다. 어떤 놀이는 3년에서 5년 만에 벌어진 판이기도 합니다. 한 차례 촬영한 것도 있고, 여러 번 촬영한 것도 있습니다. 생활현장에서의 전승력을 이미 상실한 놀이들은 언제나 그 생생한 모습을 접할 수 있을지… 저의 나태함과 더불어 이 분야 작업의 어려움이기도 합니다.

분류를 하는 것도 쉬운 일이 아니었습니다. 관점과 견해에 따라 달라질 수밖에 없는 분류법은 저의 식견을 넘어서는 영역이었습니다. 이 책에서는 크게 '굿놀이', 그리고 '제례와 의식'편으로 나눠 보았습니다. 후자는 석전대제나 종묘제례, 영산재 등 외래문화가 중심이 된 것들이고, 나머지 토속적인 놀이들은 전부 '굿놀이'로 묶었습니다. 이는 전적으로 굿연구소 박홍주선생의 조언임을 밝힙니다. 저 역시 마을대동놀이, 탈놀이들도 한 판 굿이라는 생각을 하였기 때문입니다. 굿의 관점에서 우리의 문화를 조망해 보자는 뜻도 있습니다.

당초 계획보다 많은 종목이 추가된 관계로 두 권으로 나눠야만 했습니다. 상권에는 굿놀이 중에서 대동놀이, 탈굿, 제례와 의식을 묶고, 하권에는 굿놀이 중에서 마을굿, 풍물굿 그리고 개인 무굿을 담았습니다.

이 작은 결실이 제가 전통문화의 기록에 염을 둔 뜻인, 우리 전통문화를 알고 이해하여 그 가치를 발견하는데 조금이나마 보탬이 됐으면 합니다. 저렴한 가격으로 많은 사람들이 볼 수 있기를 기대한 저의 마음에 선뜻 동의해 주신 서문당 최석로 사장님의 뜻이 있었기에 출판이 가능하였습니다.

글을 쓰는데 조언해주신 여러 선생님들, 사진의 길을 가는데 이제껏 지도편달을 아끼지 않으셨던 여러 선생님들, 고맙습니다. 그리고, 이 책에 수록된 모든 분들과 사진게재를 허락해 주신 어르신들께 이 자리를 빌어 다시 감사드립니다.

우리의 모습을 기록하고 그 가치를 발현시키는 작업에 더욱 매진하겠습니다.

2001. 4. 수유리에서 정 수 미

1. 굿놀이

[1] 대동놀이

밀양 백중놀이

백중놀이는 벼농사를 주로 하는 중부 이남지방 농촌에서 호미씻이 , 세서유, 머슴날, 풋굿, 초연, 농공제, 장원놀음 등 여러가지 이름으로 행해졌던 농경놀이로서, 농사일에 노고가 많았던 머슴이나 일꾼들이 세 벌 김매기가 끝나는 칠월 보름경에 날을 잡아 지주들이 낸 술과 음식을 먹으며 하루를 흥겹게 놀던 놀이다.

밀양지방에서는 백중놀이를 흔히 '머슴날'이라 부르고, 그날 노는 놀이를 '꼼배기참놀이' 라

주민들이 용신대에 소원 성취를 기원하기 위해 복주머니를 달고 있다.

용신대에 기원을 드리고
있는 모습들.

불렀다. 꼼배기참이란 밀을 통째로 갈아 만든 떡으로
술·안주와 함께 점심참 저녁참으로 내오던 음식이
다. 이 음식을 먹으며 논다는 데서 붙여진 이름이다.

놀이판은 주로 삼문동 강변에서 벌어졌다. 현재의
밀양백중놀이로 정리된 내용을 보면 농군들의 놀이
에 부북면 퇴노리 일대에 본거지를 두고 살았던 '불
당골'이라는 광대패거리의 영향도 발견된다. 놀이는
농신제, 작두말타기, 춤판, 뒷놀이로 구성되어 있다.

농신제는 풍물을 울리며 삼대로 만든 농신대에 고
사소리로 제를 지낸다. 작두말타기는 세 벌 김매기가
끝나면, 그 해 가장 농사일을 잘 했던 일꾼을 뽑아 삿
갓을 뒤집어 씌운 채 소를 거꾸로 태우고 동네로 들어
오던 장원놀음을 형상화한 것이다. 지금은 소 대신에

작두말을 탄다. 춤판에서는 양반춤, 병신춤, 범부춤, 오북춤이 추어지며 장단은 주로 굿거리와 덧배기장단이 쓰인다. 이 춤판이 가장 밀양백중놀이다운 놀이판이라 할 수 있다. 뒷놀이는 모든 놀이꾼들이 한꺼번에 다 등장하여 즉흥적인 춤을 추면서 한껏 흥을 푸는 뒷놀이판이다.

상민과 천민들의 흥과 애환이 익살스럽게 표현되어 있다는 점, 병신춤과 오북춤은 지방색이 매우 높다는 점을 밀양백중놀이의 특징으로 꼽을 수 있다. 특히, 춤사위는 그 동작이 장단에 일치하며, 또한 춤동작이 활달하고 크다. 오른손과 오른발 왼손과 왼발이 같이 움직인다는 특성도 빼놓을 수 없다.

밀양백중놀이는 1980년에 중요무형문화재로 지정받았으며, 현재는 김상룡옹이 보유자로 있다.

작두말타기. 그해에 가장 열심히 농사일을 한 일꾼을 뽑아 지게목발로 만든 말에 태워 주하와 시위를 하는 놀이다..

양반춤, 양반답게 느린 춤이 특색이다. 고 하보경옹의 양반춤

병신춤. 밀양백중 놀이에는 여러 병신들이 등장하여 풍자적이고 익살스러운 춤을 춘다.

진도 북놀이

북놀이는 북을 치는 방식에 따라 외북치기와 쌍북
치기로 대별된다. 진도북놀이는 쌍북놀이에 해당하

니 이 양식의 북놀이는 진도북놀이가 전국적으로 유일하다.

본시 북놀이는 풍물굿의 판굿에 나오는 북놀이와 두레굿이나 김매기굿을 할 때 일과 일노래를 뒷받침 해주는 모방구(혹은 못북)가 있다. 진도북놀이는 모방구에서도 쓰여 그 역할과 맞게 손색이 없으며, 판굿의 개인놀음(구정놀이)으로도 진가를 발휘하고 있다. 그러나 못북으로서의 진도북놀이는 농사의 기계

김기순의 북놀이. 진도에서 생활하면서 북놀이를 한다. 남성적이고 힘찬 북놀이의 특성을 그대로 간직하고 있다.

여성들이 노는 진도 북놀이. 최근에 나타나기 시작한 모습들이다.

화로 거의 사라졌으며 최근에는 '북춤'이라 하여 공연장이나 무대에 올려져 많이 연희되는 실정이다.

외북치기는 북을 어깨에 메고 한 손으로 북채를 들고 치기 때문에 원박가락에 충실하게 되며, 웅장한 소리를 낸다. 반면 양북치기는 양손에 북채를 쥐고 장구를 치듯한다. 따라서 잔가락을 많이 활용하게 되므로 멈춤과 이어짐이 민첩하고 가락이 다양할 뿐만 아니라 섬세하여, 곁들이는 춤사위가 일품이다. 특히, 북가락 소리와 즉흥적인 몸짓이 만들어내는 춤과의 어우러짐이 북 고유의 힘을 바탕으로 하여 흥을 북돋는다. 양북치기인 진도북놀이는 북가락이 갖는 시간의 소리와 몸짓춤이 갖는 공간의 움직임이 잘 어우러져 멋을 이루고 있다. 음악의 구성면

무대 위에서의 박병천 북춤. 박병천은 마당놀이인 진도 북놀이를 무대에 세워 춤의 성격을 보다 강화시킨 장본인이다. 그의 북춤은 여성적이고 섬세하며 본래 진도 북놀이의 맛과는 차별성을 보인다.

여자 무용인(정명자)들이 진도 북춤을 무대 위에 자주 올린다.

에서도 풍물반주뿐만 아니라 삼현육각과 시나위음악에 맞춰 즉흥 춤사위와 가락의 변화가 가능해 다양한 놀이의 변화와 춤이 개발될 여지가 많다.

이 북놀이는 김행율(일명 김오바; 판소리북의 인간문화재 김득수의 선친)이 명인이었고, 이 분에게서 사사한 임장수 · 박태주 · 김성남이 있으나 타계했고, 김성남으로부터 사사한 장성천 · 박관용 · 양

태옥·곽덕환·박병천이 현재 활약하고 있다.

그러나 이들은 각기 구정놀이의 북놀이에 충실하여 선이 굵고 토속적(장성천), 즉흥적인 춤사위와 세련된 가락(박관용), 무대화된 기교로 여성적(박병천)이라는 평가를 듣는 등 개성들이 강하다.

무대 북춤으로 안무한 양 북춤.

양구 돌산령지게놀이

흥겨운 풍물장단에 지게
작대기로 지게의 목이나
작대기를 서로 부딪혀 지
면서 다함께 신명나게 논
다.

산간지방인 강원도 양구군 동면 팔랑리의 돌산령 자락에서 지게를 가지고 놀던 놀이다.

지게는 산이 많고 농로가 발달돼 있지 않았던 우리의 농촌과 산촌에 적합한 대표적인 운반도구였다. 특히 화전을 하는 산간지역의 농사와 땔감 마련에는 없어서 안될 필수품이었다. 수확한 농작물의 운반, 퇴비마련과 그 운반, 연료용 땔감의 운반, 숯만들기의 재료운반과 숯운반용으로 그 활용도가 지대했다.

지게와 지게작대기를 이용하여 지게상여를 엮는다. 지게상여는 두사람씩 지게를 끼우듯이 세워 붙인다
. 양쪽 상여가 다 엮어지면 어깨에 메고 밀고 밀리면서 구성진 상여 소리를 앞·뒤소리로 주고받는

다.

느린소리로 시작한 외다지기는 점차 빨라져 자진소리로 넘어간다. 그러면 외대를 던지고 어깨를 건째 역동적인 동작으로 좌우로 돌면서 뒷소리에 맞춰 안발로 임차게 다진다.

그러나 무거운 짐을 지고 구불구불한 산비탈을 오르내려야 하는 힘든 지게질은 직접적인 노동력을 필요로 했다. 그래서 힘듦을 해소하기 위한 놀이와 노래가 발달하였다. 그 중 넓은 구릉지나 무덤가에서 하던 '장치기놀이'나 일행들의 지게를 집단으로 꾸며서 하던 '상여놀이' 등이 주목할 만하다.

산간지방인 강원도에서는 이 이외에도 여러가지 지게놀이가 발달하였다. 지게를 지고 가면서 지게막대기로 목발을 치며 장단을 맞추는 목발치기, 지게를 타 넘는 지게타넘기, 지게작대기 밑부분을 양손으로 잡고 몸을 뒤집어 한 바퀴 도는 '지게작대기

잡고 몸돌리기'. 지게 위에 올라서서 지게뿔을 잡고
움직여 걸어가는 '지게타고 걷기', 지게 2개에 올
라타 걷기도 하고 두 사람이 지게를 지고 한 사람이
올라타면 달리는 '쌍지게타기', 지게를 세워 놓고
한 손으로 목발을 잡고 들어 올리는 '지게들기', 여
러 사람이 각자의 지게를 모두 모아 조립하는 '지
게틀놀이', '지게타고 오래걷기', 지게 위에 1명을
태우고 기마전 방식으로 겨루는 '지게씨름' 등 다
양하다.

  양구 돌산령지게놀이는 크게 보아 성격상 둘로 나
눠 볼 수 있다. 서로 편을 나누어 지게걸음으로 이동

외다지놀이가 끝나면 양
편은 지게상여로 와서 어
깨에 지게상여를 메고 구
령에 맞추어 마당을 돌다
가 기세가 절정에 다다렀
을 때 서로 지게 상여를
밀면서 임겨루기를 한다.
밀려서 넘어지는 쪽이 진
다.

이긴 편 지게상여에 사람이 올라가 깃발을 만들어 흔들며 위용을 과시한다. 깃발은 상의를 벗어 만든다.

하여 상대방을 밀어뜨리는 '지게걸음놀이', 여러 지게를 모아 상여를 만들어 놀다가 마침내 패를 나눠서 상여 위에 기수를 태우고 밀고 밀리는 싸움을 벌여 진 쪽이 나무를 대신하여 주거나 물건을 대신 운반해 주는 지게싸움놀이의 '겨루기형태'가 그하나다. 상여를 만든 상태에서 지나가는 행인을 가로막고 짓궂은 장난질과 선소리 가락으로 노자를 뜯어내어 술을 받아먹는 상여놀이, 무덤을 쓸 때 부르는 회다지소리에 맞춰 상여를 메고 장사지내는 흉내를 내며 노는 회다지놀이의 연희성 짙은 '놀이형태'가 또 하나다. 이 양구 돌산령놀이는 민속경연대회에 출품하면서 고사반 – 지게걸음놀이 – 지게상여놀이 – 지게회다지놀이 – 지게싸움놀이의 순으로 재구성되었다.

경복궁 지경닫이

서울지방에서 불리는 민요. 지경닫이 때 부르는 소리들로 구성되어 있다.

지경닫이란 새 집을 지을 때 바위나 통나무를 새끼줄에 매어달고 일꾼들이 바윗돌을 들었다 놓았다 하여 지반을 견고하게 다지는 일로서 이때 노래를 부르게 된다. 이 노래를 일명 지경소리 · 땅다지기 · 안택가 · 지신밟기라고 부르기도 하며, 고장마다 명칭 · 사설 · 선율들이 약간씩 다르다. 그러나 흔히 조

구 조선총독부건물을 철거하고 본래의 건물인 흥례문을 복원하기 위해 마련된 기공식 기념행사에서 경복궁 지경닫이 (1999)가 재연되었다.

지경 다지는 모습.
무거운 바위를 여러 갈래
밧줄로 묶어 늘어뜨린 다
음에 사람들이 일제히 줄
에 매달려 들어올렸다가
내려놓으면 바위가 내려
앉아 땅을 다지게 된다.
이 작업은 무엇보다 많은
사람의 통일된 동작이 필
요한데 이를 노래가 조정
하고 맞춰준다.

금 느린 12/8박자로 중중몰이장단에 맞추며, 선소
리꾼이 한 장단을 메기면 여러 일꾼들이 한 장단의
뒷소리를 "어럴럴 상사디야" 또는 "어여루 지
경이야" 하고 받으며 돌을 들었다 놓는다.

지경소리의 가사 내용은 대개 나라에 충성하고 부
모에게 효도하며, 형제간에 화목하고 이웃끼리 서로
아끼며, 충신 . 효자 . 열녀 등 삼강오륜의 도덕률에
관한 언사가 많이 사용되고 있다. 가사의 구조와 형
식은 서두, 본사, 후렴의 3단계에 의해 거의 천편 일
률적인 형태를 보인다.

서두는 길조적 예언의 허두로 시작하여 천지신명
과 집주인 그리고 군중들에게 터다지기를 시작한다
고 선언한다. 그 내용은 상황에 따라 즉흥적으로 작

숭례문 복원공사 기공식에서 앞소리꾼(황용주)이 지경닫이 소리를 메기고 있다.

사 가창하는 경우가 많다. '본사'는 생산성에 관련된 부귀다경에 관한 말과 신의 가호와 은혜 입음을 축원 희망하며, 삼강오륜에 입각하여 인간의 도리를 잘할 것을 경계한다. 이 본사 가창자의 기민한 솜씨 여하에 따라 일꾼들의 사기를 드높일 수 있으며, 작업의 결과에도 크게 영향을 미친다. 후렴은 선창자가 서두를 부르거나 본사를 한 구절 한 구절 부른 다음 역군들이 그 뒤를 따라 일제히 부른다. 대개 이행 모음인 아, 어, 에, 얼로 시작된다. 또한 무의미한 감탄사에 "지경이야"란 단조로운 어휘를 쓰고 있다.

경복궁 지경닫이에서 초지경닫이는 느리게 부르고 한판 논 다음 양산도·방아타령 등을 부른다. 경기민요와 달리 씩씩하고 흥겨우며 결박한 내용이다. 끝에는 잦은지경닫이 소리로 몰아가다 지경닫이를 마치고 여러 역군들이 경복궁타령을 부르며 한마당 놀이를 펼친다.

영산 쇠머리대기

경상남도 창녕군 영산면에서 음력 정월 대보름이 되면 행해지던 세시풍속놀이의 일종이다. 이 놀이는 목우전, 나무소싸움, 소나무싸움, 목우붙인다, 쇠머리댄다 등으로 불리어지다가 중요무형문화재로 지정되면서 영산 쇠머리대기라는 이름을 얻게 되었다.

이 놀이의 유래에 대해서는 풍수설에 바탕을 두고 있다. 영취산과 함박산이 영산읍을 사이에 두고 두 마리 소가 서로 마주 보며 겨누는 형상이어서 이 두 산의 살을 풀어주기 위해서 시작되었다는 설이 전한

영기를 들고 나온 어린이들.

쇠머리를 메고 출진하는 모습. 장군들이 쇠머리를 타고 있다.

서낭대 싸움. 대장의 지휘하에 돌격대가 함성을 지르며 적진으로 돌격하여 방어하는 적진과 일대 공방전을 벌이는 싸움.

다.

　먼저 영산읍을 동부와 서부로 나누고 각 마을에
서 세 명의 장군(소장, 중장, 대장)을 뽑는다. 놀이
전전날에 쇠머리를 만드는데 목욕재계한 목수들이
산신제를 지내고 베어온 통나무가 재료다. 대보름
아침이 되면 소장과 중장이 목욕재계하고 장군복을
입은 후 대장집으로 가 대장에게 예를 드린다. 예를
받은 대장은 중장과 소장을 대동하고 마을별로 산
신제를 지낸 후 마을사람들을 거느리고 놀이판으로
향한다. 함께 싸움을 벌일 시간이 다가오면 쇠머리
에 고사를 지낸 다음 쇠머리를 힘센 장정 수십명이
메고, 그 위에는 대장 중장 소장 세 사람이 칼을 들
고 지휘하거나 칼춤을 추면서 행진을 장려한다. 쇠
나무 앞에는 양군을 상징하는 서낭대와 총사령기,

흥을 돋우고 전의를 북돋
우는 풍물꾼들.

쇠머리대기 부딪힌 양 진
영의 쇠머리가 하늘 높이
솟아오르고 있다.

대장기, 중장기, 오방장군기, 농기, 영기 등 수십개의
깃발이 하늘을 뒤덮고 이들 깃발들은 풍물패의 장단
에 맞추어 춤을 춘다.

먼저 깃대싸움을 하여 기선을 잡으려 시도한다.
쇠머리가 서로 부딪히는 순간 놀이꾼들은 잽싸게 상
대편 나무쇠 위에 벌떼처럼 기어 올라 짓누른다. 이
때 오르지 못한 사람들은 고함과 욕설을 주고 받는
가 하면 주먹질과 발길질, 심지어는 깃대와 몽둥이

로 후려치기도 하는 등 아
비규환의 싸움판이 벌어진
다. 싸움은 어떠한 방법을
쓰든지간에 쇠머리를 쓰러
뜨리거나 이쪽의 쇠머리를 높이 쳐들어 상대방의 쇠
머리를 덮쳐 짓눌러 땅에 닿게 하면 이긴다.

승패가 나면 장군들은 소를 타고 칼춤을 추면서
승리의 기쁨을 만끽한다. 속설에 이기는 마을에 풍
년이 든다고 하여 결렬한 싸움도 회피하지 않는다.
현재는 3·1문화재 일환으로 3월 1일로 날을 옮겨
매년 거행하고 있다. 1969년에 중요무형문화재로
지정되었으며 김형권이 보유자로 있다.

안동 차전놀이

이 놀이는 고려시대 왕건과 후백제의 왕 견훤이 싸운 고사에서 유래했다고 전한다. 한낮에 수많은 청장년들이 동서부 양편으로 나뉘어 동채를 메고 벌판에서 힘과 기를 겨루는 남성집단놀이이다. 안동에서는 정월 대보름날 낮 동안에는 줄당기기와 동채싸움이 거행되고, 해가 져 둥근달이 뜨면 부녀자들이 노는 놋다리밟기가 놀아졌다.

안동에서는 차전놀이를 '동채싸움'이라 부르고, 간혹 '동태싸움'이라고도 한다. 가을 추수가 끝나면 마을 어른들이 동채싸움을 할 것인가를 결정한 후 동채만들기에 쓸 참나무(10m정도) 2개를 물색한다. 정월 4, 5일경이 되면 제관은 목수를 데리고 가 물색해뒀던 참나무를 벤다. 산신제를 먼저 지내고 벤 참나무를 운반해다가 동채를 만들되 아무도 못 보도록 한다. 보름날이 되면 안동 시내가 동서로 갈라져 백사장이나 넓은 공터에서 승패를 겨룬다.

동채싸움. 두 동채가 맞부딪치면 힘의 균형 때문에 서로 들리게 된다.

싸움은 상대방을 밀어젖히고 들어가 자기편 동채로 상대방 동채를 눌러 땅에 닿도록 하면 이긴다. 동채에 올라탄 대장의 신호와 지휘에 따라 수백명 또는 수천명이 손은 절대 사용하지 못한 채 어깨만을 사용하여 겨뤄야 한다. 또 싸움 도중에는 아군이 아무리 유리한 순간이라도 적의 머리꾼이 쓰러져 위기에 처하면 즉시 후퇴하여 구출하고 다시 승부를 겨룬다.

이 놀이의 특징 중 편을 나눌 때 주거지 위주로 하지 않고 출생지 기준이라는 점이 남다르다. 부부간이라도 출생지가 다르면 편이 다를 수 있고, 응원도 태어난 곳에다 한다. 특히, 한 지휘자의 명령에 의해 일사불란하게 움직이는 점은 집단놀이를 한층 세련시킨 모의전투여서 이 지방 특유의 상무정신을 엿볼 수 있다. 또 이긴 편에 풍년이 든다는 속신도 있었다.

안동 차전놀이는 1969년에 중요무형문화재로 지정되었으며, 이재춘이 보유자이다.

고싸움놀이

고를 메지 않는 마을사람들은 깃발이나 횃불을 들고 흔든다.
마을의 아낙네들이 깃발을 세우고 결의를 다지고 있다

고를 멘 양측 고꾼들이 줄
패장의 선소리에 뒷소리
를 받으면서 전의를 가다
듬는다.

　광주광역시 광산구 대촌면 칠석리, 세칭 옻돌마을
에서 정초에 놀던 세시풍속이다.

　'고싸움' 이란 짚을 엮어 만든 두 개의 '고'
를 서로 맞대어 싸움을 벌인다는 뜻에서 온 말이다.
고싸움의 유래에 대해서는 밝혀진 바 없지만 줄다리
기와 고싸움이 애당초에는 동일한 놀이였거나 동일
계열의 놀이였던 것이 시간의 흐름에 따라 변형되어
독립된 형태를 갖춘 것으로 보이며, 고싸움이 줄다
리기에서 파생된 것으로 보고 있다.

　고의 형태는 고머리와 몸뚱이, 그리고 두 가닥의
꼬리줄로 구성된다. 고는 줄다리기와 달리 상대편
고를 부딪쳐 짓눌러서 승부를 내기 때문에, 고 머리
는 어른 팔목 크기의 동아줄로 감아 원형을 만든 다

음, 부딪쳐도 넘어지지 않게 통나무로 받쳐 세운다. 그리고 고 밑에는 10여 개의 통나무를 받쳐 가랫장을 만들어 이를 메고 행진도 하고, 손으로 들어 상대방 고에 맞부딪치게도 한다.

고싸움놀이는 음력 정월 10일경 위·아랫마을 어린이들이 조그마한 고를 만들어 어깨에 메고 서로 승전가를 부르며 겨루는 '고샅 고싸움'에서부터 시작된다. 어른들도 고싸움놀이를 하기로 결정을 하면 점점 커져 동네 전체가 놀이에 참가하는 15~16일에 절정을 이루게된다. 15일이나 16일에는 두 동네의 풍물패가 함께 동네 샘굿을 친 후 각자의 동네로 돌아가 분위기를 고조시킨다. 해거름이 되면 윗마을(동부)과 아랫마을(서부)은 각각 고를 메고

풍물패가 옆으로 빠지면 상대방 고와 정면으로 부 딪친다. 밀고 당기다가 고 가 높이 솟아오르면 줄패 장들은 서로 땅으로 쓰러 뜨리기 위해 접전을 벌인 다.

횃불과 풍물패를 앞세운 채 전의를 가다듬는 행진을 벌인 다음, 마을 앞 보리논에서 고싸움을 벌인다. 17 일부터 진 편이 재도전을 하게 되면 20일까지 계속 되기도 하며, 그래도 승패가 나지 않을 경우에는 2 월 초하루에 고를 풀어 줄을 만든 후에 줄다리기로 승패를 가린다. 여성을 상징하는 서부(아랫마을)가 이겨야 풍년이 든다는 속신이 있으며, 우리나라 그 어떤 편싸움놀이 보다도 격렬하고 패기가 넘치는 놀

이로 알려져 있다. 이 놀이를 통해 주민들의 협동의식과 전투력이 더욱 고양되며, 싸움 전의 노동요와 그 후의 고싸움노래, 그리고 승전가가 불리어진다는 것이 특징으로 꼽힌다.

1970년에 중요무형문화재로 지정되었다.

고의 꼬리를 잡고 있는 아낙네들은 고의 움직임에 따라 바쁘게 휘둘리게 된다.

기지시 줄다리기

충청남도 당진군 송악면 기지시에 전승되는 줄다리기 놀이이다. 당제 후에 거행되는 줄다리기로 기원은 400여 년으로 보고 있다.

기지시는 옛부터 서산·당진에서 서울로 가고자 할 땐 반드시 거쳐야 하는 교통의 중심지였다. 또한 명칭 그대로 중국의 산동반도와 가장 가까운 거리에 있던 항구이기도 하다. 농산물의 집산지였던 당진은 베를 짜는 수공업이 성했던 고을이다. 또한 풍수상으로도 옥녀가 비단을 짜는 옥녀직금형이라고 한다.

각 마을에서 나온 풍물패들이 흥을 돋우는 모습.

이런 요인들이 베를 짜는 틀과 짠 옷감을 물에 담가
헹구는 연못이라는 뜻을 담게 하는 기지(機池)란 지
명을 만들어내고 '틀못' 즉 베를 짜는 시늉으로

언덕바지를 올라가는 줄
의 모습. 줄 하나에 천여
명이 붙어도 들리지 않을
정도로 무겁다.

비내장이 끼워진 상태를 점검하는 진행요원들. 비내장은 안아름이 되는 통나무다.

줄다리기가 생겼다는 유래담을 발생시킨 것으로 보고 있다.

줄다리기는 윤년의 음력 3월초에 택일하여 열린

다. 따라서 윤년이 들어 줄다리기를 하는 해에는 3월에 당제를 지내고 줄다리기를 한다. 먼저 줄을 꼬게 되는데 각 마을에서 모은 짚단이 4만 속(束)에 달했다. 20여 명이 20여 일에 걸쳐 제작한 줄은 직경이 1m가 넘으며, 길이가 200m 정도다. 이 본 줄에 다시 많은 사람들이 붙잡고 잡을 수 있도록 곁줄을 제작하여 붙인다. 사람이 올라 앉아도 발이 땅에 닿지 않고 이동하는데도 들리지 않아 끌고가야만 하는 이 줄은 암줄·숫줄 2개가 만들어진다.

줄다리기. 줄은 많은 사람들이 붙을 수 있도록 지네발처럼 무수히 많은 곁줄을 달아 놓았다. 첫번째 신호에 줄을 잡고, 두번째에 줄을 들고, 세번째에 잡아당긴다.

　무당굿, 유교식, 불교식 합동으로 치러지는 당제가 끝나면 본격적인 줄다리기가 시작된다. 서산으로 가는 국도를 기준으로 남(水上), 북(水下)으로 패를 가르게 되며, 각각 줄을 만든 곳에서 당기는 곳으로 줄을 옮기는 '줄나가기(出陣)'에 참여한다. 수

승리편의 완호 모습. 암
줄이 이겨야 풍년이 든다
는 속설이 있음

백개 깃발의 호위 속에 수천명이 풍물소리에 흥을 돋우며 '으싸' 소리를 지르며 줄을 끄는 모습은 그야말로 장관이다. 줄당기기 장소에 도착하면 암·수 두 줄의 머리를 서로 끼운 후 '비내장'을 끼워 고정시킨다. 심판의 신호에 따라 시작된 줄다리기는 5분여 만에 승패가 나며, 암줄이 이겨야 풍년이 든다고 한다. 승패가 가려지면 사람들이 달려들어 줄을 끊어간다. 특히 암줄 숫줄이 마찰한 부분을 갖다 끊여먹으면 불임, 요통에 특효하다고 믿는다.

많이 모일 때는 10여만 명이 참여하였으며 그 기간에는 기지시장에 난장이 선다. 1982년에 중요무형문화재로 지정되어 전승되고 있다.

영산 줄다리기

줄다리기는 환태평양지역에 널리 분토전승되고 있으나 특히, 우리나라와 일본에 집중적으로 전승·놀이되고 있다. 영산 줄다리기는 경남 창녕군 영산면에서 전승되어 오는 줄다리기로 줄쌈, 줄땡기기, 색전이라고도 한다.

줄다리기는 용사신앙(龍蛇信仰)에 바탕을 둔 농경의례놀이로서 용을 상징하는 암줄과 숫줄의 모의성행위를 통해 그 해 농사의 풍흉을 점치고 기원하는 집단놀이이다. 또한 이 줄다리기를 통해 공동체

줄말이 모습.
낱줄을 한곳에 모아 여러 사람들이 달려 들어 함께 민다. 줄을 만드는 공동 작업에서 부터 대동성과 놀이성이 발현된다.

풍물꾼의 선소리에 맞춰
몸쭐을 감는 모습.

장군들이 소를 타고 동네
를 도는 모습. 소 위에서
장군들은 칼춤을 추고, 오
위군 들이 오위를 한다.

의 결속력과 전투력을 배양하는 효과도 가져왔다.
이런 성격 때문에 영산 줄다리기는 일제의 탄압으로
중단되었다가 해방후 재연되었다. 재연이 영산 3·
1민속문화제 행사의 하나로 시작됨으로서 원래 정

줄이 다 완성된 상태. 앞에 세워논 막대기는 사람들이 줄을 넘지 말라는 표식이다. 이 용줄을 넘으면 아들을 낳는다는 속신이 있어 여인네들이 몰래 넘으려 한다.

줄 위에 올라 칼춤을 추는 장군들.

줄전에 앞서 줄고사를 지낸다.

장군의 지위하에 결전장
으로 향하는 줄

월 대보름에 행해지던 줄다리기가 3.1절로 바뀌게
되었다. 영산이 3.1운동의 선봉지인 것을 기념하기
위해서이며, 현재도 그 정신을 이어받아 잘 보존 계
승되고 있다.

정월 대보름이 다가오면 청년들이 중심이 돼 풍물
을 울리며 짚을 걸립하러 다닌다. 짚단이 모이면 동
민들이 자발적으로 모여 줄을 꼬는데 10여 일에 걸

영산읍 중심 도로를 통과
하고 있는 줄의 행렬.

쳐 길이 약100~150m(현재는 40m로 제한), 둘레
는 장정이 타고 앉으면 발이 땅에 안 닿을 정도로 거
대한 줄을 만든다.

마구국도를 중심으로 동서부로 나눠 동부에는 숫
줄, 서부에서 암줄을 각각 만들어 줄다리기를 하게
된다. 동서 양군에서 총사령부가 설치 구성되면 수
일 앞서 대장들을 선출한다. 대장으로 선출되는 것
을 가문의 영예로 여길 정도다.

놀이날이 되면 양편은 서낭대를 앞세우고, 각종
깃발을 펄럭이며 풍물패의 풍물소리에 맞춰 줄을 옮
긴다. 줄이 현장에 도착하면 서로 대치하다 진잡이
놀이, 서낭 싸움, 이싸움 등을 한다. 줄다리기가 끝나
면 사람들은 경쟁적으로 꽁지줄을 풀고 한움큼씩 뜯
어간다. 이 짚을 지붕 위에 얹으면 아들을 낳고 관운
이 트이고 집안에 행운이 오며, 다른 사람의 눈에 띄
지 않게 용마루에 올려 놓으면 액막이가 되고, 썰어
서 소를 먹이면 살이 찌고, 거름으로 쓰면 풍작이 든
다는 믿음이 있어 모두들 앞다투어 가져가는 것이
다.

1969년에 중요무형문화재로 지정되었으며, 김종
곤이 보유자다.

길마재 줄다리기

경기도 수원시 팔달구 이의동 길마재(하동), 경기도 용인시 수지면 상현리 독바위 일대에서 행해지던 줄다리기 놀이다.

길마재 줄다리기는 다음과 같은 유래담이 전한다. 약 250여년 전에 수원성 길마재와 이웃 독바위 일대 마을에 각종 전염병이 돌아 많은 주민들이 죽어

풍물패가 줄꾼들의 흥을 돋워주고 있다.

장이강 묘를 돌고 있는 줄.

나갔으나 병의 정체를 알 수 없어 속수무책이었다. 돌림병의 공포 속에서 떨기만 하던 어느날 주민 장진종이라는 사람의 꿈에 9척 장신에 선유화를 쓴 신선의 모습으로 아버지(장이강)가 나타나 "너를 중심으로 묘 아래 주민들이 남녀노소를 막론하고 힘을 합하여 정월 상달 첫 밤에 줄다리기를 하라. 그리하면 신의 도우심으로 주민들이 무사할 뿐만 아니라 매년 풍년이 들어 만사 대통하리라"고 현몽하였다. 이 소문이 인근에 퍼졌고 마침내 여러 마을들이 힘을 합하여 장이강 묘소 앞에서 줄다리기를 하였다. 그날 이후 신기하게도 전염병은 없어지고 매년 풍년이 들었다고 한다.

숫줄과 암줄의 입궁.

매년 해오던 줄다리기가 해방 후 경제적인 사정으로 한 때 중단되었다가 다시 복원되어 현재는 3년 간격으로 행해지고 있다.

등군과 서군으로 나누어 줄을 꼬아 줄다리기를 하는 날 장장묘(장이강 묘) 묘역으로 올라가 각지에서 모인 풍물패들이 굿을 친다. 풍물패들이 굿을 치는 동안 수줄넘기 놀이가 벌어진다. 수줄을 넘으면 아들을 낳는다고 하여 여자들이 수줄을 넘으려 시도한다. 이때 남자들은 여자가 수줄을 넘으면 줄이 끊어지고 불길한 일이 생긴다고 믿어 이를 저지한다. 수줄넘기가 끝나면 고사를 지낸다. 고사 후에 줄다리기에 들어간다. 우선 암줄과 수줄을 결합시킨 뒤 비

승패가 가려진 후, 승자
와 패자의 상반된 감정표
출.

녀목을 꽂아 합궁을 시킨다. 동쪽의 수줄에는 남자
가 당기고 서쪽의 암줄에는 부녀자, 미혼남자, 아이
들이 합세하여 당기며 줄다리기를 한다. 양쪽 줄의
용두에는 편장이 올라타고 지휘를 하는데 암줄편장
에는 여장을 한 남자가 탄다. 줄다리기는 세 번을 하
여 두 번 이긴 쪽이 승리한다. 한판 줄다리기가 끝나
면 반드시 장장 묘의 활개 위로 올라가 줄의 방향을
바꾸는 것이 특이하다. 승부가 가려지면 노래와 춤
으로 놀이판을 벌인 다음 마을 어귀에 있는 신목에
줄을 감아준다.

자인단오 – 한장군놀이

한장군놀이는 경상북도 경산군 자인면에서 해마다 단오날 전승되어 오던 놀이다.

한장군이라는 인물은 신라 혹은 고려시대의 장군으로 추정을 하나 확실하지 않다. 옛날에 왜구가 이 지방의 도천산에 은거하면서 주민들을 괴롭히자 한장군이 누이와 함께 꾀를 써서 왜구를 잡아 없앴다는 유래담이 전한다. 전설에 의할 것 같으면 도천산 밑의 버들목에서 한장군이 여자로 가장을 하고 누이와 함께 꽃관을 쓴 후에 춤('여원무'라고 한다)을

홀기를 읽는 모습
유례 풍의 제사는 홀기(笏記)를 창홀(唱忽)함에 따라 진행된다. 홀기란 예식의 내용과 절차를 적은 문서로서 의식을 집전하는 집례가 읽게 된다.

한묘 참배

진중묘 사당에서 제례가 끝나면 제관들은 사당 옆에 있는 한 장군(진중묘)의 묘로 이동하여 참배한다.

궁궁이잎 꽂기

자인 지방에서는 "단옷날 궁궁이잎을 머리에 꽂고 다니면 일년 동안 머리가 안 아프고 혈액순환이 좋다"고 하여 이 풍습이 지금도 이어지고 있다. 궁궁이는 천궁이라는 한약재로서, 피를 맑게 해주는 약리 효과가 있어 두통과 빈혈치료제로 사용된다. 본시 가을에 수확하는 뿌리와 줄기가 주 약재다. 단오절의 궁궁이잎 꽂기는 단오 무렵에 잎이 가장 왕성할 때이므로 잎의 약리작용을 활용한 것으로 보인다. 요즘 많이 애용되는 향기요법으로 봐 무방할 것이다.

가장행렬

제례가 끝나면 한 장군일행으로 꾸민 가장행렬이 자인 고을을 누비며 행진을 한다. 한 장군으로 분장한 모습이다.

추었다. 한장군 남매가 춤추는 둘레에서 광대가 놀음을 벌이고 풍악을 울려 흥을 돋우었으며, 못 위에는 화려하게 꾸민 배를 띄워 왜구들이 내려와 구경하도록 유인하였다. 한장군은 이 틈을 이용하여 습격작전을 써 왜구를 모조리 섬멸할 수 있었다고 한다. 지금도 못둑에는 그때의 칼자국이 있는 바위가 있는데 이것을 참왜석, 혹은 검흔석이라고 부른다. 그 후로 이 고장에서는 한장군을 모시는 신당이 생겼고 해마다 단오절에 제사를 모심과 아울러 여원무와 배우잡희, 무당굿, 씨름, 그네, 큰줄다리기 등 성대한 놀이로서 한장군을 대대로 기려오고 있다.

현재 자인단오놀이는 한묘대제(제사), 호장굿(가장행렬), 자인팔광대, 여원무, 무당굿 등이 행해지고 있다. 사당과 한장군묘소에서 제사를 드린 후에 호

한장군 놀이의 여원무

통돼지 사슬 세우기
삼지창을 병 위에 세우고
있다. 보통 삼지창에 바
로 세우는 사슬세우기와
달리 병을 한 층 더 높은
것은 그만큼 신통력이 더
뛰어나다는 것을 과시하
기 위한 것이다. 최근의
변용 모습.

장굿에 들어간다. 호장굿의 순서는 오방기, 농기, 여
원화관, 무부, 희광이, 여장동남, 군노, 사령, 간치사
령, 포군, 영장, 기생, 전배, 중군, 삼재배, 통인, 일솔,
도원수, 인배통인, 수배, 독축관 등이 열을 짓는다.
악사는 삼현육각에 호적과 나팔 등이 곁들여 마치
군악을 연상케 한다. 여원무는 소년 두 명을 여장으
로 분장하여 춤을 추게 한다. 뒤이어 10척의 여원화
(꽃으로 만든 화관) 을 쓰고 땅에까지 닿는 오색의
치마를 입은 두 명의 관무부가 덧배기 장단에 맞춰

작두타기
한 장군님이 무당을 통하여 영험함을 보여주는 모습이다. 일반적으로 작두타기는 장군거리에서 이뤄진다. 시퍼렇게 날을 세운 작두에 올라가 춤을 추고 사람들에게 공수를 내린다. 그리고 작두를 괜 쌀을 사람들에게 뿌려 줘 복을 내린다.

춤을 춘다. 원화 주위에는 군노, 사령, 깐치기생 등이 원진을 만들어 역시 덧배기에 맞춰 춤을 춘다. 왜구로 분장한 사람들을 무찌르면 화관을 벗고 여원무를 마무리짓는다. 계정숲에서는 씨름판이 벌어지고 무당굿판이 벌어진다. 그리고 수많은 인파와 노점상이 운집하여 난장이 형성되기도 한다. 지금도 한장군을 마을의 수호신으로 여길 정도로 확고한 신앙의 전통이 이어지며 놀이의 정신적 지주가 되어왔다. 왜병을 격퇴했다는 점에서 일제치하에서는 금지되었으나 해방후에 재현되었다. 1971년에 여원무만 '한장군놀이' 란 이름으로 중요무형문화재 제44호 지정을 받았다가 1991년부터는 모든 행사를 포함한 개념으로 '자인단오제' 란 옛 명칭을 찾았다. 현재는 '자인단오－한장군놀이' 란 명칭으로 매년 단오행사를 거행한다.

씨름대회
씨름은 그네와 함께 대표적인 단오놀이이다. 자인단오에서도 씨름판을 벌려 장사를 뽑는다.

강강술래

전라남도 진도, 해남, 완도, 고흥 등 남해안 일대에
서 8월 한가위 달밤에 놀던 부녀자들의 집단놀이다.
한가위날 저녁에 저녁밥을 먹고 달이 뜰 무렵이면   강강술래

선소리에 발을 맞추며 도
는 원무. 진소리(긴소리)
에 이어 자진소리로 넘어
가면 손을 맞잡고 뛰게 된
다.

여인들이 추석빔으로 차려입은 채 넓은 마당이나 잔
디밭에 모인다. 둥글게 원을 그리며 손에 손을 잡고
강강술레노래도 불러가며 밤을 새워 노는 놀이를 강
강술래라고 한다. 지방에 따라 강강수월레라 부르기
도 한다.

강강술레의 유래에는 여러 학설이 있다. 임진왜란
때 이순신장군이 왜군들에게 군세를 과시하기 위한
심리전술로서 부녀자들에게 남장을 시키고 옥매산
정상을 빙빙 돌게 한 데서 유래했다는 설과 만월과
풍요를 축하하고 기원하기 위한 놀이에서 유래했다
는 설 등이 있으나 단정을 내릴 수는 없다.

추석을 앞두고 마을 소녀들이 모여 노래하며 원무
를 추는데 아기강강이라고 한다. 시집갈 만한 나이

가 들면 아낙네에 끼어 강강술래를 하게 된다. 목청
이 좋고 소리를 잘 하는 아낙이 앞소리를 메기면 나
머지 아낙네들이 뒷소리를 받는, 즉 교창형식으로
부른다. 강강술레소리에 맞춰 원무를 하기도 한다.
앞소리꾼은 사설을 노래하고 뒷소리를 받는 아낙네
들은 끝까지 후렴만을 부른다. 느린장단에서 점점
빠른장단으로 넘어감에 따라 춤과 놀이도 빨라져서
수십명의 아낙네들이 추석빔을 곱게 차려입고 뛰다
보면 모습은 화려하고 활기에 차 있어 장관을 이루
게 된다. 한참 뛰고 나면 땀이 나고 신이 벗겨져서 버
선발로 뛰는 일도 생긴다.

　원무를 하다 앞소리꾼의 재치에 따라 여러가지 놀

청어엮기 놀이

꼬리짜기, 문지기놀이, 지와밟기 놀이를 할 때는 앞사람의 허리에 손을 감아 끼고 논다.

지와밟기(기와밟기).

꼬리짜기 놀이.

이가 삽입되기도 한다. 남생이놀이, 고사리꺾기, 청어엮기, 기와밟기, 꼬리짜기, 덕석말이, 문지기놀이, 실바늘꿰기 등 생활하면서 자연스럽게 익은 일동작이나 주위의 모습을 놀이로 형상화하였다. 놀이가 바뀔 때마다 노랫말도 달라지고 동작도 바뀌게 된다. 강강술래는 처음부터 끝까지 쉬는 일 없이 노래하고 춤추고 뛰는 특징을 갖고 있다.

강강술래는 한국 여인들의 대표적인 놀이이기도 하지만, 남녀노소를 가리지 않고 함께 놀 수 있는 구성과 놀이방식을 갖고 있다. 그래서 지금도 전래방식 그대로를 활용하여 놀이판을 벌여도 전혀 손색이 없고, 신명을 끌어낼 수 있어 대동놀이로서 크게 활용되고 있다.

1966년에 중요무형문화재로 지정되었으며, 김길임 · 박용순이 예능보유자이다.

남사당놀이

천민 유랑예인집단인 남사당패가 각 지방을 순회하면서 놀았던 놀이. 놀이의 대상 지역은 주로 농어촌의 마을이며, 큰 지방일지라도 성벽 밖의 서민층 마을이었다. 일반 서민들로부터는 환영을 받았으나 양반들로부터는 멸시를 받고 박대를 당하여 마을에 들어가 공연하는 것도 그리 자유스럽지 않았다고 한다.

이들의 놀이판은 모심기 계절에서 추수가 끝나는 늦은 가을까지가 전성기였다. 어떤 마을에 들어가고

풍물놀이
남사당의 여섯 가지 놀이 중의 첫 번째 순서. 남사당의 풍물놀이는 연희풍물의 대표적인 사례로서 각 지역의 뛰어난 기예를 종합하여 짠 놀음놀이다. 즉, 경기·충청지역의 풍물굿을 기반으로 하여 전라도의 장구, 경상도의 벅구, 경기도의 꽹과리가 적절히 결합되어 있다.

설장구

채상소고

자 할 땐, 그 마을이 가장 잘 보이는 언덕배기에 올라 온갖 재주를 보여준다. 그 한편으로는 곰뱅이쇠가 마을로 들어가 마을의 최고 권력자(양반)나 이장 등에게 자신들의 놀이를 봐 달라고 간청한다. 그러나 곰뱅이가 터지는 확률은 열에 두셋 정도밖에 안됐다고 한다. 허락이 떨어지면(이를 '곰뱅이 튼다'고 한다) 비로소 그 마을에 들어가 놀이판을 벌일 수 있었다. 겨울에는 경기도의 안성과 진위, 충청도의

무동.

당진과 회덕, 전라도의 강진, 경상도의 진양 등지에
서 휴면 상태로 보냈다. 이들은 이 기간에 기·예의
초보자나 초입자들을 가르쳤다.

남사당놀이는 크게 6종목이다. 먼저 풍물을 치는
데 24판 내외의 '판굿'을 한다. 이 풍물은 웃다
리가락 중심이며 24명 내외가 일조를 이룬다. 다음
은 '버나놀이'로서 체바퀴나 대접 등을 앵두나
무 막대기로 돌리는 묘기이다. 이 버나놀이의 묘미

버나.

는 접시 돌리는 재주
보다 매호씨가 버나
잡이와 재담을 주고
받으면서 노래를 부
르는 등 그 짙은 극성
에 있다. 이어 땅재주
인 '살판'이 이
어진다. "잘하면 살
판이요, 못하면 죽을
판"이라 하여 붙여
진 이름으로 11가지
의 땅재주를 살판쇠
(땅재주꾼)가 장단에
맞춰 매호씨와 재담
을 주고 받으면서 노
는 놀이다. 다음은 줄타기 곡예인 '어름'이다.
놀이판 중앙을 가로지르게 높다랗게 매어논 외줄에
서 어름산이(줄꾼)가 역시 매호씨와 재담을 주고 받
으며 줄을 탄다. 다음은 탈놀이인 '덧배기놀이'
다. 다른 지방의 탈놀이에 비해 양식이나 형식에 구
애됨이 없이 상황과 흥취에 따라 변하는 현장성과
즉흥성이 특히 강하다. 마지막으로는 꼭두각시놀음
인 '덜미'가 놀아진다. 놀이는 저녁을 먹고 시

꼭두각시놀음 마지막으로 놀아지는 놀이로서 연희자들 사이에서는 '덜미'라고 불렸다. 또
한 박첨지놀음(이), 홍동지놀음(이), 꼭두 박첨지놀음 등으로도 불린다. 우리 나라에 전해지
는 대표적인 인형놀이로서 '산받이'라고 부르는 악사와 인형을 조정하는 '대잡이'가 재담
을 서로 주고 받아가면서 진행하는데 극성이 매우 높다. 포장 뒤에 대잡이가 몸을 숨기고 인
형에 연결된 줄을 사용하여 주로 조정한다.

덧배기(탈놀음)

작하여 다음날 새벽 3~4시까지 계속됐으나 현재는
2~3시간 정도로 축소되었다.

　1964년에 중요무형문화재로 지정되었으며, 예능
보유자는 박계순(1934년생)과 남기환(1941년생)
으로 되어 있다.

영월 뗏목놀이

우리나라에서는 원목을 운반할 때 강을 많이 이용하였으며, 강을 이용할 경우 뗏목의 형태로 만들어 많은 양을, 일시에, 분실의 위험 없이 운반하였다. 두만강뗏목과 압록강뗏목, 강원도 인제의 합강뗏목, 영월의 동강뗏목이 그 대표적인 경우다.

영월의 동강뗏목은 남한강을 거쳐 한강에 이르는 대장정으로 대개 한양에서 필요한 목재를 충당시켰다. 기록에 의하면 조선을 창업하고 세조가 한양에 천도할 때, 대원군이 경복궁을 복원할 때 사용한 목

뗏목에 노를 다는 모습. 노를 걸치는 부분을 강다리라고 한다.

여러 개의 뗏목을 연결하는 모습.

떗목을 타고 내려가는 모습.

재는 주로 영월과 정선지방에서 생산된 원목으로 남한강 줄기를 따라 운반하였다고 한다.

영월 떗목놀이는 이처럼 영월산간지방의 원목을 떗목의 형태로 한양까지 운반하던 모습과 떗군들의 애환이 담겨있는 놀이다.

산에서 나무가 벌목되면 그 벌목한 나무('들대'라고 부른다)로 강가까지 운반하기 위해 설치한 '통'이라는 레일형태의 통로를 통해 강가까지 운반한다. 들대가 강가에 모이면 3,000재, 6,000재, 혹은 10,000재 ('재'는 나무를 재는 단위, '사이')단위로 떗목을 엮는다. 떗목이 엮이면, 안전을 기원하는 고사를 지낸 다음, 떗군이 떗목을 타 운전을 함으로써 항해에 들어간다. 거운리 (이곳에서는 '황새여울된꼬리'라는 험한 물길이 있어 항상 떗군들

급류를 지날 때의 모습.

동강을 따라 내려가는 뗏목.

을 긴장시킨 곳), 삼옥리를 거쳐 영월 덕포리에서 여러 작은 뗏목을 모아 큰 뗏목으로 다시 엮는다. 큰 뗏목으로 엮인 다음 정양리를 거쳐, 대야 · 말밭 · 각동 · 충북 영춘 · 단양을 거쳐 경기도 양수리 · 팔당을 지나 한양(서울)까지 운반한다. 이 기간은 물살에 따라 빠르면 3일, 늦으면 20여 일씩 걸리는 경우도 있었다. 한양 마포나루에 도착하면 상인들이 뗏목의 크기와 상태를 살펴 계산을 하는 '간주보기'를 거쳐 상인들에게 인계하는 것으로 대장정이 끝나게 된다.

뗏군들은 뗏목이 파손되지 않고 안전하게 상인들에게 전달시키는 것이 임무이며, 품삯은 당시로서는 거금인 쌀 7~8가마를 받았다. 착실한 뗏군들은 이를 잘 모아 기와집을 짓거나 전답을 마련하기도 하였으나, 일부 뗏군들은 술과 여자, 투전(노름)으로 탕진하여 빚만 지고 귀가하는 경우도 허다하였다고 한다.

동강 뗏목은 철도 등 교통의 발달로 1960년대부터 사라졌으며, 거운지방에 옛 뗏군 10여 명이 농사를 지으며 살고 있으며, 영월의 큰 행사에 가끔 재현되고 있다.

좌수영 어방놀이

경상좌도 수군 절도사의 본영이 있었던 수영(부산 동래) 지방에 전승되는 고기잡이 소리를 작업장면과 함께 놀이로 엮은 민속놀이이다.

어방이란 수영에서 어로기술을 지도하고 어업을 장려하는 기관이었다. 조선 헌종 11년에 수영의 성이 완성되자 전초기지인 포이진에 어방을 두었고 어업을 장려하였으니, 수군의 군량조달과 유사시에 어선의 군선화와 어부의 수군화를 도모하기 위해서였다. 그 장려수단의 하나로 어방에서는 노래를 권장

그물에 달아야 할 당김줄을 꼬고 있는 모습. 이때 내왕소리를 부르며 꼬게 된다.

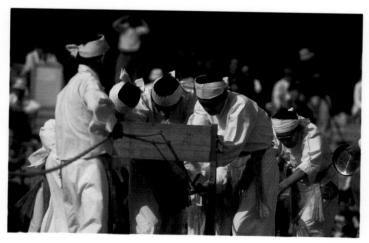

그물을 다루는 모습.

하였는데 공동어로작업 때에 피로를 잊게 하고, 장단에 따라 일손을 통일시킬 수 있어 작업능률을 올릴 수 있었기 때문이다.

그래서 수영동에는 고기잡이 작업에서 어민들이 부른 노래가 많이 전승되고 있는데 이것을 세 마당으로 구성하여 새롭게 만든 것이 좌수영 어방놀이다. 즉, 어부들이 줄을 꼬며 부르는 '내왕소리'를 한 마당으로, 그물을 당기며 부르는 '사리소리'를 한 마당으로, 어민들이 즐겁게 노는 '칭칭이소리'를 또 한 마당으로 엮었다.

내왕소리는 홑소리와 겹소리로 구성되는데 홑소리는 큰 줄을 꼬을 때 북에 맞추어 선소리를 하면 맞는 소리로서 답하는 형식이고, 겹소리는 작은 줄을 꼬을 때 줄틀 2개에 각각 한 사람의 고수와 앞소리

만선이 되어 고기를 퍼담아 옮기는 모습을 재현한 것.

꾼이 있어 서로 교대로 메기면 두 틀에 줄을 잡은 사람들이 함께 맞는 소리를 한다. 사리소리는 고기를 잡기 위해 그물을 던져 그물줄을 당기면서 부르는 소리이며, 가래소리는 잡은 고기를 그물의 어대에서 풀어 내릴 때 큰 가래와 작은 가래질을 하면서 부르는 소리이다. 칭칭소리는 풍어가라고도 하는데 만선을 이뤘을 때 기쁨을 표현하고 또 내일의 풍어를 기원하면서, 선주와 어방의 방수 및 어부들이 함께 마시고 놀면서 부르는 소리다.

좌수영 어방놀이는 고기잡이에 따르는 노래 그리고, 풍어를 자축하는 어부와 여인들의 집단놀이가 종합된 것으로 축제성이 강하며, 어방의 오랜 역사와 전통을 이은 전통 놀이라는 점에서 가치를 인정받고 있다. 1978년에 무형문화재로 지정되었다.

(2) 개인놀이

줄타기

줄타기는 삼(麻)으로 만든 동아줄 위에서 재주를 부리거나 재담을 섞어가며 줄을 타는 놀이를 말한다. 줄의 높이는 3m 정도이고 길이는 10m쯤 된다. 옛부터 사월초파일, 단오굿, 추석 등 명절날에 놀아졌으나 그 기원은 삼국시대 이전부터 전승된 것으로 보고 있다.

줄판은 궁궐 또는 관아나 양반들의 큰 집에서 벌어졌다. 놀이 시간은 보통 4~5 시간이었다고 한다. 줄광대가 쉬는 막간에는 어릿광대가 나와서 놀았다.

허공잽이.

줄에 오르기 전에 안전을
기원하는 고사를 지내고
있다.

줄타기는 고사로부터 시작된다. 돌아가신 스승, 선
배 또는 줄할머니·줄할아버지에게 사고없이 줄을
타게 해달라고 빈다. 고사문은 줄광대가 읽는다. 줄

허공잽이

타기는 주로 고도로 숙달된 남자가 했으나 더러는
여자도 끼어 있었다.

줄타기는 단순히 줄만 타지 않고 재담과 소리까지
곁들인다는 특징을 갖는다. 재담의 소재는 파계승과
타락한 양반에 대한 풍자이며, 걸음걸이나 앉은 모
습을 흉내낸다. 줄 위에서 벌이는 바보짓이나 곱추
짓, 여자의 화장하는 모습은 관중을 웃기는 놀음이
다. 재담 사이에 부르는 노래로는 줄타령, 왁자타령,
새타령 등이 있다.

줄을 탈 때는 손에 부채나 수건을 든다. 동작이 멋
있도록 보이기 위해서이고, 몸의 균형을 잡기 위해
서다. 특히, 부채는 바람을 일으키기도 하고 막을 수
도 있어서 몸을 가누는데 소중하며 멋을 부리는데도
꼭 필요하다고 한다.

걸터앉기. 줄 위에 걸터
앉아 구경꾼들과 재담도
나누고 소리도 한다.

줄타기의 기교는 줄잡아 19여 가지가 있다. 우선 걸어가는 것이 첫째이고 뒤로 걸어가기, 줄위에서 한 발 뛰기, 걸터앉기, 드러눕기 등 다양하다. 때로는 줄위에서 재주를 넘고 일부러 떨어지는 척해서 사람들을 놀라게 했다. 이 놀이는 광대들뿐만 아니라 남사당패에서도 했다.

지난 1976년 중요무형문화재로 지정된 후 기능보유자 김영철에 의해 지켜왔으나 이미 작고했고, 지금은 김대균이 보유자가 되어 그 명맥을 유지하고 있다.

걸어가기.

중타령을 하게 될 경우에는 고깔 장삼을 입고 줄에 오른다.걸어가기.

두 무릎 훑기.

진도 다시래기

　‘다시래기’는 진도지방에서 초상이 났을 때 특히 호상일 경우 마을의 상두꾼들이 출상 전날밤에 하는 통과의례(장례과정)의 한 의식으로서, 신청(단골들의 모임 장소이자 전문교육기관)의 전문놀이꾼들을 불러 밤새껏 노는 연희성 짙은 상여놀이이다.

　다시래기는 ‘다시나기’ 즉, 재생이라는 의미를 가진 말에서 온 것으로 보고 있다. 또 한문으로 다

가상제의 모습.

당달봉사인 거사의 모습.
강준섭씨로서 탁월한 놀
이꾼이다.

시락(多侍樂)이라고도 표기하는데 '여러 사람이
같이 즐긴다'는 뜻으로 해석된다.

　가족뿐만 아니라 온 마을 사람들이 마음으로 참석
하고, 뛰어난 기예를 갖춘 전문 놀이꾼들까지 초빙
하여 노래, 춤, 재담으로 슬프고 괴롭고 측은한 밤을
웃음과 멋과 흥겨운 가락으로 통과의식을 치러낸다

거사와 샛서방질을 하는
사당이 서로 걸쭉한 농담
을 주고 받으며 노닥거리
는 모습.

는 것이 진도 다시래기의 특징이다. 대개의 통과의
식은 고통스러운 절차를 밟는데 반하여 다시래기는
가장 고통스러운 상황에서 파격적인 우스갯짓을 함
으로써, 슬픔의 장을 웃음바다로 바꾸어 놓을 수 있
어 슬픔과 절망을 저지하는 수단으로, 삶의 의지를
되살리는 활력소로 역할하게 된다. 또한 다시래기의
내용이 거침없는 연애와 새생명의 탄생에 초점이 모
아져 있어 망자의 새로운 생명 획득과 재생에 대한
희구도 담겨 있다.

　진도 다시래기는 먼 옛날 삼국시대부터 전래되었
다는 이야기가 구전되는데, 이는 장례에 가무를 행
하던 풍습이 삼국시대부터 있었다는 기록('초종을
치를 때는 곡하고 울지만 장례를 치를 때는 북을 치
고 춤을 추면서 풍악으로서 죽은이를 보낸다' － 隋

書 東夷傳)이나 가무와 잡기를 행하며 장송하는 고
구려 고분벽화의 모습과 그 연관성을 추측케 한다.

다시래기는 5마당으로 구성되어 있다. 첫째마당
은 "가상제놀이"로서 가상제와 상두꾼들이 농
담을 주고 받고, 이어서 당달봉사인 거사와 샛서방
질을 하는 사당이 나와 걸쭉한 농담을 주고 받는다.
둘째마당은 거사와 사당이 나와 사당의 뱃속 아이가
자기 아이인 줄 알고(실은 간부인 중의 아이) 배를
만지고 자장가를 부르면서 좋아하고 놀다가 건넛마
을 이생원댁 강아지 새끼 낳는데 경문 읽으러 오라
는 전갈을 받고 나가려 하자 간부인 중이 등장하여
가상제와 셋이서 듣기 거북한 재담들을 주고 받는
다. 이어서 사당이 애를 낳는다. 이 마당이 다시래기
의 중심굿이다. 셋째 마당은 상두꾼들이 빈 상여를

간부인 중의 아이를 밴 사
당이 중과 가상제와 함께
듣기 거북한 재담을 주고
받으며 희희낙락하는 모
습.

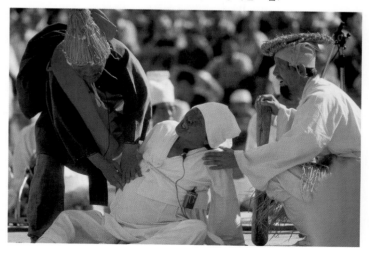

빈 상여가 나갈 때 민가 (상여소리)에 반주를 하는 북의 모습. 진도 지방에서는 상여가 나갈때 북 장구 꽹과리 등 풍물을 잡고 피리를 불면서 만가를 부른다.

메고 만가를 부른다. 이 만가는 씻김굿의 무가가 중심을 이루고 있다. 넷째마당은 묘를 쓰며서 부르는 가래소리를 하면서 흙을 파는 시늉을 한다. 다섯째마당은 여흥놀이다. 진도 다시래기는 1985년에 무형문화재로 지정되었다.

[3] 탈놀이

하회 별신굿탈놀이

경상북도 안동군 풍천면 하회동 풍산류씨 동성마을에 전해오던 탈놀이이다. 이 탈놀음은 농촌형이면서 서낭굿 형태의 탈놀이에 속한다. 현재 전하는 강릉단오제의 관노탈놀이와 동해안 별신굿의 탈놀음굿 등과 비교해도 그 뛰어난 조형미의 하회탈과 더불어 고형(古型)에 속하는 탈놀이로 인정받고 있으며, 굿과 탈놀이가 분화되지 않아 굿놀이의 특성을 확실하게 간직하고 있는 등 그 명성이 높다.

하회마을을 지키는 서낭신은 여신으로 '무진생

주지놀음. 암·수 주지가 나와서 춤을 준다.

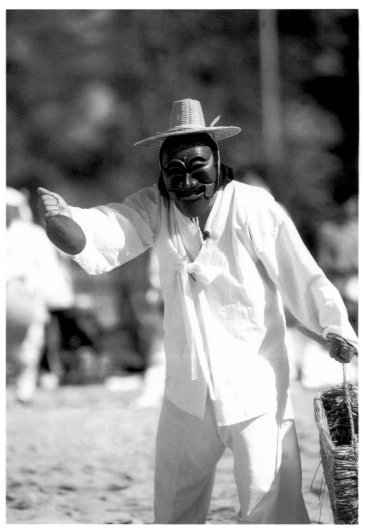

백정. 소불알을 양반들에게 팔고 있다.

양반과 선비의 지체자랑 싸움 — 놀이패가 양반집을 방문할 경우 양반과 선비광대는 대청에 올라 진짜 양반과 맞담배질을 할 수 있었다.

쪼랭이. 양반과 선비를 조롱한다. 쪼랭이는 경망스럽고 방정맞은 인물형이다. "쪼란이 방정"이란 말이 전국적으로 쓰였다.

이매춤. 바보인 이매가 병
신춤을 주고 있다.

(戊辰生) 서낭님'이며, 17세된 처녀의 의성 김씨
라고도 하고, 일설에는 15세에 과부가 된 서낭신으
로 동네 삼신의 며느리신이라고도 한다. 이 서낭신
에게 해마다 음력 정월 보름과 4월 초파일에 평상제
로서의 동제를 지내고, 이와는 별도로 10년이나 5

부네. 양반과 선비가 부네를 차지하기 위해 다툰다.

넌마다 특별히 별신굿을 지냈다. 탈놀이는 이 별신굿을 하는 중, 오신행사로서 놀아지던 놀이다.

별신굿을 거행하려면 우선 그 전해인 섣달 보름날에 산주(신탁에 의해 선정되며, 평생 산주직을 수행)가 당에 올라가서 신의를 물어 결정한다. 동네 어

선비춤. 선비는 근엄하면
서도 학문에 전념하는 인
물형으로 형상화되어 있
다.

른들의 합의를 얻어 별신굿을 하기로 결정하면 경비
를 추렴하고, 서낭대를 깎고, 광대를 뽑고, 탈을 손질
하는 등 준비에 들어간다. 이때 이 마을의 양반인 하
회류씨는 전혀 참석하지 않는다. 섣달 그믐날 산주
가 탈꾼들과 함께 내림대와 서낭대를 갖고 풍물을
울리며 서낭당에 올라가 강신을 받는다. 강신에는

무당이 참석하지 않는다. 강산이 되면 일행은 삼신당을 들러 동시에 도착한다. 이어서 보름까지 동네 집집을 돌며 탈놀이도 하면서 걸립을 한다. 이때는 양반집에도 방문하였으며, 하회류씨가의 대청까지 올라가 집주인과 맞담배질까지 하였다고 전한다. 정월 보름이 되면 아침에 서낭당에 다시 올라 당

할미광대

제를 온종일 지낸다. 내려오면서 동리 입구에서 혼례마당과 신방마당을 치르며, 무당들은 허천거리굿을 하는 등 별신굿을 한다.

탈놀이는 무동마당 – 주지놀이 – 백정마당 – 할미마당 – 파계승마당 – 양반선비마당 으로 구성되어 있으며, 탈은 원래 13개가 전해오다 2개는 일제 때 분실돼 현재는 11개가 국보로 지정되어 보존되고 있다. 1980년에 중요무형문화재로 지정되었다.

관노가면극

강원도 강릉지방에서 전승되는 탈놀이. 강릉 관노
가면희 · 강릉가면극 · 관노탈놀이라고도 한다. 강릉
단오제 기간 동안에 놀게 되는데 매일 하는 것이 아

장자마리춤

해조나 곡식이삭을 몸에 두른 장자마리의 성행위 모습.

니라 5월 1일 대성황사 앞에서 하고, 단오날까지만 날마다 했다. 관노놀이가 언제부터 시작되었는지 그 기원은 알 수 없으나 1910년대까지 이어져 오다 일제의 방해로 맥이 끊겼다가 최근에 다시 발굴되었다.

관노가면극의 특징으로는 먼저 강릉부에 속하는 관노들이 직접 연희한 탈놀이라는 점이다. 또한 재담보다는 몸짓과 춤으로 표현한 무언극 성격을 갖는다는 점이며, 서낭굿과 관련된 탈놀이라는 점, 양반의 해학적 풍자, '소매각시'를 통한 정조관의 강조, 지방의 안녕과 풍농·풍어의 기원 등에서 찾을 수 있다.

등장 인물은 양반광대 1인, 소매각시 1인, 시시딱딱이 2인, 장자마리 2인 등 6인이 주요 인물이

양반과 소매각시의 다정한
모습.

며, 이 밖에 꽷대잡이 1인, 왕무당 1인, 무녀 8인, 그리고 악사 10여 명으로 편성되어 있다. 놀이 구성은 약간의 신축성이 있으나 관동대학 무형문화재연구소에서는 다음과 같은 6마당으로 정리하여 강릉단오제 때에 놀고 있다.

첫째마당은 '영신마당' 으로 풍물과 무당춤으로 이뤄진다. 풍물에 맞춰 놀이판에 등장하여 왕무당을 중심으로 등장 인물 전원이 태평성대와 안녕을 비는 춤과 더불어 신을 맞이하는 산유가를 부르면서원을 그린다. 둘째마당은 '장자마리마당' 으로장내 정리와 익살스럽고 흥겨운 놀이판 만들기이다. 포대자루 같은 것을 뒤집어쓴 장자마리들이 요란하게 등장하여 춤(배불뚝이춤, 어깨춤 등) 을 추는 등익살을 부리며 놀이판을 헤집고 다닌다. 셋째마당은

시시딱딱이와 놀아났다고 질책하는 양반
에게 소매각시가 결백을 주장하며 양반의
수염을 목에 감고 자살을 기도하고 있다.

시시딱딱이들이 나타나 양
반과 소매각시 사이를 이간
시킨다.

양반, 소매각시, 시시딱딱
이, 장자마리가 어우러진
모습.

'양반·소매각시마당'이다. 양반과 소매각시가 서로 구애하고 마침내 어우러지며 희롱하는 모습이다. 넷째마당은 '시시딱딱이마당'으로 시시딱딱이가 칼을 들고 등장하여 양반과 소매각시 사이를 훼방하고 마침내 소매각시를 차지한다. 다섯째마당은 '화해마당'으로 시시딱딱이, 소매각시, 양반 사이의 타협과 화해모습을 보인다. 소매각시가 양반에게 용서를 비나 받아들여지지 않자 양반의 수염을 목에 감고 자살을 기도한다는 내용. 여섯째마당은 '군무마당'이다. 쓰러진 소매각시를 살리기 위해 왕무당을 불러 굿을 하고 마침내 깨어나자 장자마리, 시시딱딱이, 악사, 무당 등이 이들을 감싸고 춤을 추다가 퇴장한다. 반주는 남자무당일행이 맡게 된다.

북청 사자놀음

꼭쇠에 이끌려 등장하는
양반.

퉁애(퉁소)부는 모습. 북
청사자놀음의 음악반주는
퉁애(2~5개)로 부는 애원
성이 특징이다.

거사춤

무동춤

사자가 토끼를 잡아먹는다. 원래는 아이를 잡아먹었으나 근래에 바뀌었다.

1930년대까지 함경남도 북청군의 전 지역에서 놀아졌던 탈놀이다. '사자춤'은 우리나라 곳곳의 탈놀이에서 보이나 그 가운데서도 독립된 '사자놀음'으로는 단연 '북청 사자놀음'을 꼽는다. 특히, 북청읍의 사자계(獅子契), 가회면의 학계(學契), 구 양천면의 영낙계(英樂契) 등의 사자놀이가 유명했다.

사자는 극동에 없고 서역에 있는 짐승이므로 사자놀음 또한 서역에서 들어온 것으로 추측하고 있다.

최치원의 〈향악잡영〉에 보이는 '산예'는 사자춤인 것으로 보아 사자춤은 이미 신라시대부터 있었음을 알 수 있다. 사자는 맹수 중의 맹수로 사자춤은 벽사의 능력이 있는 것으로 믿어 의식무용으로 널리 행하여졌다.

입사자춤과 승무. 사자춤이 여러 탈춤에 등장하지만 북청사자놀이는 사자춤이 큰 비중을 차지한다.

북청 사자놀음은 일제 말까지 청초의 마당밟기에 널리 놀아졌다. 북청지방에서는 사자놀음을 '사자 놀린다'라고 하는데, 이때 집안에서 풍물을 치고 사자를 놀리면 잡귀가 물러나 액을 막고 복을 불러들

입사자 상태의 입맞추기.

인다 하여 부엌, 안방, 골방, 마구간 등 집안 구석구
석을 돌았다. 6.25후에는 월남민들에 의해 속초와
서울에서 놀아졌다.

　이 놀이의 순서는 반드시 정해져 있는 것은 아니
고 약간씩 순서를 바꿀 수 있다. 먼저 마당돌기를 하
고 이어서 애원성, 넋두리춤, 꼽추춤, 무동춤, 사당
거사춤, 칼춤을 차례로 춘다. 이후 사자가 등장하여
한바탕 사자춤을 춘다. 사자가 놀다가 기절하여 쓰
러지면 먼저 대사를 불러 독경을 하고 효험이 없으
면 의원을 불러 침을 놓는다. 사자가 다시 일어나면
전원이 등장하여 함께 춤을 춘다. 이때 쌍사자를 놀
리기도 한다. 여기에 쓰이는 악기로는 퉁소, 북, 징이
쓰이나 장구가 추가되기도 한다. 특히, 퉁소가 많이
쓰이고 퉁소 소리인 애원성이 이 놀이의 특징이다.
사자, 양반, 꺽쇠, 꼽추, 사령 등의 탈이 쓰인다.

　월남한 북청사람들에 의해 조직된 군민회를 중심
으로 놀아졌던 사자놀음이 1967년에 중요무형문화
재로 지정되어 전수되고 있다. 현재 보유자로는 김
수석(1907년생, 사자앞머리)·동성영(1909년생,
사자앞채)·여재성(1919년생, 사자뒷채)·이근화
선(1924년생, 사당춤)·전광석(1917년생, 칼춤)
등이 있다.

수영 야류

말뚝이(양반마당).

경상좌수영이 있던 수영(부산 동래) 지방에 전승되던 탈놀음이다. 경남 해안지방의 탈놀음을 '들놀음' 또는 '들놀이'라고 부르며, '야류(野遊)' 또는 '야루'라고도 부른다. 그 유래는 약 200여 년 전에 좌수영 수사가 초계 밤마리의 대광대패를 데려다가 놀이를 시켰는데 그 후 군졸들이 배워서 놀

양반들(양반마당).

게 되었다고도 하고, 수영사람이 밤마리에 가서 배워온 뒤 시작되었으며 그 뒤 동래와 부산진에도 전파시켰다고도 하나 확인할 길은 없다.

수영야류는 1930년대에 단절되었다가 1953년 구 수영국민학교에서 놀이가 벌어져 부활되었으며, 1971년에 중요무형문화재로 지정되고서 '수영 고적·민속보존회'가 전수를 담당하고 있다.

수영에서는 들놀이가 음력 정월 대보름날로 고정되어 전래되고 있었다. 야류계를 중심으로 정월 3, 4

수양반을 잡아먹는 영노
(영노마당).

일경부터 풍물을 앞세우고 지신밟기를 13일까지 하
였다. 14일에는 원로들의 심사에 의해 놀이꾼을 정
한다. 보름날 아침이 되면 산신제를 지내는데 먼저
토신과 독신을 모신 제당에서 제를 지내고 먼물샘에
우물고사를 지낸 다음 최영장군의 묘제를 지냈다.
초저녁이 되면 동민들이 모여 소등을 각각 들고 1km
쯤 떨어진 놀이판(먼물샘)까지 대행렬의 길놀이를
하고 놀이판에서 군무를 췄다. 군무는 주로 굿거리

할멈이 영감을 찾고 있다(할미/영감마당).

할멈과 영감(할미 / 영감마당).

사자춤.

장단과 덧배기장단에 맞춘 덧배기춤이 중심이었다.

군무가 끝나면 탈놀이가 시작되는데 하인 말뚝이가 독설과 음흉하고도 신랄한 풍자로 양반을 공격하여 계급타파와 인권해방을 주장하는 '양반마당', 괴물 영노가 양반을 확실하게 잡아먹어버림으로써 조롱과 야유만으로는 만족할 수 없는 양반에 대한 울분을 확실하게 해결하는 '영노마당', 처첩의 삼각관계로 인한 가정비극과 곤궁상을 그린 '할미·영감마당', 사자가 범을 잡아먹는 '사자마당'으로 이어진다. 그리고 고사를 지내고 탈을 소각하면서 제액과 만사형통을 기원한다.

1970년부터는 탈을 소각하지 않고 다시 사용하며, 1971년부터는 먼물샘까지의 길놀이도 중단되는 등 많은 변화를 거치며 현재에 이르고 있다.

동래 야류

문둥이춤

부산 동래지방에서 전승되던 탈놀이. 동래지방에서는 정월 대보름 저녁에 줄다리기를 하고, 그 축하 행사로 들놀음이라는 탈놀이를 하였다. 야류란 우리말로 '들놀음'이다. 이 지방에서는 일반 서민대중은 들놀음이라 부르고, 극소수의 지식인층이 이를 야류하고 불렀다. 그 해 농사의 흉풍을 점치거나 풍년과 안녕을 기원하는 의미로 놀아진 대보름놀이다.

영감과 제대각시(첩)가 어우러지고 있다.

구전에 의하면, 동래시장 앞 네거리에서 수백 개의 등을 달고 간단한 야외무대를 설치하기도 하여 놀아졌으며, 탈꾼들은 대부분 평민들로서 가무에 소질이 있는 남자들이었으나 간혹 지방관청의 하리도 섞이는 수가 있었다고 한다.

동래야류는 먼저 길놀이에서부터 시작된다. 수백 개의 오색 초롱등을 달고, 6잽이가 선두에 서면, 중군, 한량, 팔선녀, 야류 일행, 매구 등이 뒤따르고, 놀

영감을 찾아 나선 할미

영감과 재회한 할멈.

이판에 이르면 탈꾼과 함께 일반 구경군도 뛰어들어
춤을 춘다. 자정이 가까워 군무의 열기가 다소 가라
앉을 무렵 이 탈놀이가 시작된다.

　먼저 제1마당으로 문둥이춤이 시작된다. 문둥이
가 나와 생동감 있는 춤을 추는데 자빠지기도 하고,
누워서 뒹굴기도 한다. 이어서 양반과 말뚝이의 재
담으로 구성된 '양반마당'이 이어진다. 말뚝이
가 양반의 마누라를 농락했다는 내용이다. 제3마당
은 '영노마당'이다. 비비새라고도 하는 가상의
무서운 동물(영노)이 주로 양반을 잡아먹는다고 하
며 양반에게 겁을 준다. 제4마당은 '할미ㆍ영감'
마당으로, 집을 나간 영감을 찾아 나선 할미가 이미
첩(제대각시)을 얻은 영감과 해후를 하나 할멈과 첩
과의 싸움을 보던 영감이 홧병으로 죽고 만다. 그러

죽은 할멈의 넋을 달래는
무독경.

자 할미가 무당을 불러 굿을 하고, 상도굿들이 나와 상여소리를 한다. 마지막으로 놀이꾼들이 모두 나와 춤을 추고 노는 뒷풀이로 마무리를 짓는다.

동래야류는 특히 양반에 대한 조롱과 모욕이 주류를 이루고 있다. 춤은 말뚝이춤과 양반춤 등이 대표적이며, 굿거리장단에 추는 덧배기춤이 유명하다. 탈은 대부분 바가지탈이며, 원양반·차양반·넷째 양반·종가 도련님의 탈은 턱을 분리하여 탈꾼이 재담을 할 때 턱이 자연스럽게 움직여 산사람과 같은 효과를 보인다.

1967년에 중요무형문화재로 지정되었으며, 양극수(1918년생, 할미)·천재동(1915년생, 탈제작)·박점실(1913년생, 말뚝이)·변동식(1923년생, 악사) 등이 예능보유자이다.

통영 오광대

  경상남도 지방의 탈놀이('들놀이'와 '오광대')는 그 연원을 초계 밤마리 장터로부터 찾고 있다. 밤마리 장터의 대광대패들에 의해 놀아지던 탈놀이가 점차 경남 각 지역으로 전파되어 일부는 의령, 진주, 산청, 통영, 창원, 진동 등지의 낙동강 동쪽에 분포되었고 일부는 해안지대인 수영, 동래, 부산진 등지로 퍼지게 되었다. 전자는 '오광대' 권역이며, 후자는 '들놀음' 권역이다.

  통영오광대는 지금으로부터 약 100년 전에 유랑

통영오광대에 나오는 여러 광대들

영감(양반)이 제자각시와
의롱하는 모습.

연희집단인 초계 밤마리의 대광대패들에게 영향을
받아 통영에서 재구성된 것으로 전해지고 있다. 19
세기 말에 이 지역의 의흥계원들에 의해 시작되었고
그 뒤로 장용기가 주동이 된 난사계원들이 계승하였
다가 이후 장재봉, 오정두 중심의 춘흥계에서 전승
되어 오늘에 이르게 되었다.

이 탈놀이는 민간신앙과 관계 있는 음력 정월 14
일의 세시풍속의 하나로 놀아지다가 후대에 오면서
는 점차 오락성이 짙은 봄놀이나 단풍놀이의 한 놀
음으로 놀아졌다.

통영오광대놀이는 전체 5과장으로 구성되어 있
고, 이때 추는 춤은 주로 굿거리춤과 덧배기춤이다.

제1마당은 '오방신장무'라는 의식무를 추

조리중이 제자각시를 희롱하는 모습.

양반을 잡아 먹으려는 비비.

고 난 다음에 문둥이의 생애와 한을 그린다. 제2마당은 원양반, 둘째양반, 홍백양반, 검정양반, 곰보양반, 비뚜르미양반, 조리중 등 양반들이 대거 등장하여 하인 말뚝이에게 조롱당하는 내용이다. 제3마당은 양반을 잡아먹는 영노라는 짐승이 나타나 비비양

할미광대.

제자각시에 의해 죽은 할
미를 위한 독경.

반을 혼내준다. 제4마당은 '농창탈놀이' 마당
으로 처첩관계에서 생기는 가정비극을 표현했다. 제
5마당은 '포수탈' 마당으로 다른 오광대의 사자
춤마당에 해당되는 부분이다. 포수가 사자를 잡는
내용으로 되어 있다.

이 놀이에 등장하는 광대(놀이꾼)와 탈은 모두
31개이며, 아기인형 하나가 더 사용되고 있다.

통영오광대는 1964년에 중요무형문화재로 지정
되어 현재는 이기숙(1922년생, 원양반)·강연호(1931
년생, 큰어미 꽹쇠)·강영구(1931년생, 말뚝이) 등
이 예능보유자로 후계자 양성과 전승활동을 하고 있
다.

가산 오광대

경상남도 사천군 죽동면 가산리에 전승되는 탈놀이. 일명 조창 오광대(漕倉五廣大)라고도 한다. 구전에 의하면 200~300년의 역사를 갖는 것으로 알려져 있으며, 고성오광대나 통영오광대보다 오래된 탈놀이이다. 이 탈놀이는 어느 지방의 탈놀이보다도 가장 최근까지 전승되었는데 1960년에 논 것이 마지막이었다고 한다. 두루마리로 된 놀이본은 길이가 약 한발 쯤 되는데 그 재담에 의하여 놀아오다가 6·

영노(사자 모양의 탈)가 들어와 중앙황제장군을 잡아먹는다.

문둥이들. 춤으로 자신들
의 비참한 생활상을 표현.

25동란 때 유실되었으며, 탈은 1960년대 말까지
전해오다가 하나씩 없어지다 1971년에 발굴되었
다.

　이 놀이의 시기는 정월 대보름날 밤으로 대보름놀
이에 속한다. 정월 초하룻날 자정에 마을치성인 천
룡제를 지내므로 치성이 끝나는 삼경에 상·하신장
과 방갈샘에 고사하고 지신을 밟기 시작한다. 대보
름까지 집집마다 매구를 쳐서 가정의 안녕을 기원하
는 지신밟기가 이어지다 보름날 탈놀음으로 마치니
탈놀이는 마을치성과 밀착되어 있다. 지신밟기에서
얻은 전곡으로 놀이 비용을 충당하였으며, 3·1운
동 후에는 인근 지역을 순회하여 얻은 수익으로 사
학을 세운 적도 있으며, 농청의 기금으로 사용하기

도 하였다.

　가산오광대의 놀이구성이 현재 6마당으로 되어
있으나, 마을치성과 지신밟기를 함으로써 마을의 안
녕을 축원하는데 이 놀이의 의의가 있기 때문에 이
모두를 한 내용으로 생각해야 할 것이다. 제1마당
은 '오방신장무' 마당이다. 고사에 해당하는 의식
무로서, 중앙황제장군을 중심으로 사방신장이 제 자
리에서 춤을 춘다. 제2마당은 '영노' 마당이다. 천
상에서 왔다는 괴물 영노가 황제장군을 잡아먹는다.
제3마당은 '문둥이' 마당으로 불치병인 문둥이의

말뚝이가 양반들을 의롱하
고 있다.

큰양반

할미가 물레질을 하자 옹
생원(봉사)이 와서 할미를
의롱.

중이 소무를 데리고 등장하여 파계하자 말뚝이가 들어와 중을 때리
고 운계한다.

옹생원을 불러 죽은 영감을 위해 오귀굿을 한다.

비참한 생활상을 표현한 내용이다. 제4마당은 '양반·말뚝이'마당으로 하인 말뚝이가 상전인 양반을 모독하는 내용이다. 제5마당은 '중'마당으로 소무에 반한 노장이 파계하여 세속화되는 내용을 담고 있다. 제6마당은 '할미와 영감'마당으로 영감, 그리고 본처와 첩 사이의 갈등을 나타낸다.

이 탈놀이는 오방신장무가 있는 점, 문둥이가 다섯이나 등장한다는 점이 여타 탈놀이와 다른 특색이며, 마을의 안녕을 비는 제의적 성격이 강하다. 1980년에 중요무형문화재로 지정되었으며 한윤영(1920년생, 말뚝이·할미·탈제작)·김오복(1918년생, 양반·오방신장)이 보유자로 활동하고 있다.

진주 오광대

진주지방에서 전승되어 오던 탈놀이다. 이 탈놀이
는 의령군 부림면 신반리의 대광대패의 놀이에서 전
파된 것으로 알려져 있다. 현존하는 들놀이나 오광
대류 대부분의 탈놀이가 초계 밤마리에 그 연원을
두고 있으나 진주탈놀이는 그 연원을 달리하고 있어
서인지 그 놀이 내용에 많은 차이를 보이고 있다. 진
주, 도동, 가산, 남구 등지의 탈놀이를 한 계통으로
보고 있으며, 진주 탈놀이를 그 중심적인 놀이로 추
론하고 있다.

땅 위의 모든 잡귀와 잡신
들을 누르고 몰아내는 춤
을 오방신장이 추고있다.

오방지신이 나타나 갖가
지 병신춤을 주고 놀면서
무서운 질병의 신을 몰아
낸다.

진주 오광대는 옛부터 정월 망월놀이로 성대하게
놀아졌던 놀이였으나 일제 강점기를 거치면서 스러
지기 시작하였다. 1920년대에 이미 쇠퇴한 진주 오
광대는 1934년에 부인위친계, 제3야학회, 각종 신
문사 지국의 후원을 받아 경로잔치와 육영사업, 그
리고 지식층 청장년들과 기생들도 참여한 민족문화
운동 성격을 갖으며 부흥기를 맞이했으나 일제의 탄
압으로 1939년을 고비로 중단되었다. 해방후, 제7
회 개천예술제(1956)에서 1930년대의 진주 오광
대 놀이꾼이었던 김치권, 최선준 같은 분들이 둘째
마당(문둥놀이)만을 되살린다거나, 연로하신 옛 놀
이꾼들에게서 새로운 재담을 채록한 바 있는 리명길
이 몇 차례 복원을 시도하였으나 모두 실패하였으
며, 무형문화재 지정에서도 진주탈놀이는 제외되었

다. 그렇게 묻혀 있던 진주탈놀이가 진주시민운동
차원에서 결성된 '진주오광대복원사업회'에 의
해 복원이 시도되었다. 전문가들에 의해 채록된 4종
류의 재담본, 1930년에 스무 살 안팎의 나이로 몇
차례 '각시'를 맡아 놀았던 배또문준(1915-
), 1934년 송석하에 의해 수집되었던 국립박물관
소장의 17개의 진주오광대탈, 그리고 700여 명의
진주시민이 기탁한 성금과 진주시의 후원금을 바탕
으로 마침내 1998년 진주탈춤한마당에서 그 복원   중이 속세에 내려와 소무
놀이판이 올려져 전승의 기틀을 마련하게 되었다.   를 농락하는 모습.

집을 나간 생원(영감)을 기
다리다 알망구가 된 할미.

진주오광대는 모두 다섯 마당으로 짜여져 있다.
앞의 두 마당은 천신과 지신이 세상의 안녕과 평화
를 마련하고, 뒤의 세 마당은 잘못된 사회(신분 문
제), 종교(신앙 문제), 가정(여성 문제)의 삶을 고
발하여 좋은 세상을 만들자는 내용이다.

첫째 마당은 '신장놀음'으로 온 천하를 관장
하는 오방신장이 하늘로부터 내려와 땅 위의 모든

첩을 대동하고 집으
로 돌아오는 생원(영감)

할미를 때리는 생원.

할미가 굿을 하고 난 다음에 깨어나자 모두 춤추며 기뻐하는 모습.

당은 '오탈놀음'으로 흔히 문둥이놀음이라고 부르는 이 마당은 오방탈이 춤추며 노는 놀이판에 무시르미를 업고 들어온 어덩이가 소동을 벌이다 쫓겨나는 내용으로서, 천하를 관리하는 오방지신의 위력과 자비로 마마병같이 무서운 질병을 물리치고 안녕과 풍요를 기원하는 데에 연원을 두고 있다. 셋째 마당은 '말뚝이 놀음'으로 하인 말뚝이가 양반도 알아들을 수 없는 유식한 문자를 써 주인양반을 농락하는 내용이다. 넷째 마당은 '중놀음'으로 수도승의 파계를 풍자하는 내용이다. 다섯째 마당은 '할미놀음'으로 처첩간의 갈등으로 할미가 기절하나 무당의 굿으로 할미가 다시 되살아나 모두 행복하게 춤을 추며 마무리짓는 내용으로 되어 있다.

자인 팔광대놀이

자인 팔광대놀이는 일년 중 오로지 자인단오제에서만 놀아지던 탈놀음이다. 자인 출신의 한 장군이 왜구를 유인하기 위해 만들었고, 주민을 구한 공적을 기리기 위해 비롯된 자인 단오제의 여흥으로 시작되었다고 전해진다.

이 탈놀음은 간단한 고사로부터 시작된다. 모든 탈꾼(광대)이 한꺼번에 등장하여 놀이를 시작한다.

광대들이 판 안으로 다 들어와 춤판을 벌이고 있다. 도포에 정자관을 쓰고 춤을 주고 있는 광대가 채씨라고 하는 양반광대다.

양반 채씨와 우처 뺄씨가
서로 노닥거리고 있다.
"뺄씨낭자, 혼자 사냐", "
신혼과부 독수공방 삼년
되었심더", "나 하고 살
면서 두꺼비 같은 아들 하
나 쑥 낳아 줄래?", "사랑
해줄 양기만 있다카면 낳
아 줄기요", "양기야 이
팔청춘이지, 고맙네"

부모 재산을 탕진한 늙은양반 채씨가 말뚝이 꼴씨와
신분 다툼을 한 후, 말뚝이의 중매로 후처 뺄씨와 사
랑을 나눈다. 양반을 찾아다니던 본처 유씨가 양반
을 만나 자신에게 돌아오도록 설득하지만 양반이 응
하지 않자 발로 양반을 쓰러뜨려 죽인다. 이에 당황
한 본처와 후처가 참봉과 박수무당을 불러 굿으로
양반을 살려낸다. 이어 줄광대가 나선다. 그는 땅바
닥 위에 깔아 놓은 새끼줄 위에서 줄타기 묘기를 흉
내내며 줄 가에 둘러앉은 연기자들과 재담을 나누
며, 이 때 꼽시는 줄광대 흉내를 내며 따라다니고, 말
뚝이는 북장단을 맞추며 따라다닌다. 마무리로 뺄씨

와 박수무당은 구경꾼들에게 돈을 걷어 당일 경비를
충당하는데 쓴다. 이어 뒤풀이판을 만들어 모여든
구경꾼들과 단오절 밤을 지새우며 놀았다.

　놀이판에는 양반, 본처, 후처, 말뚝이, 참봉, 줄광
대, 곱사, 박수무당 이렇게 8광대가 등장하며, 악사
4명과 기수 1명이 따른다. 간단하게 구성된 풍물패
가 단조로운 가락으로 장단을 담당하며, 쓰이는 장
단은 굿거리, 덧배기, 타령, 굿장단이다. 춤은 영남지
방의 대표적인 춤사위인 덧배기가 주를 이루며, 콩
나물춤(본처의 춤, 미얄춤과 비슷하나 목을 많이 까
딱거림), 무지개춤(후처의 춤), 곱사춤, 깨곰춤(말
뚝이춤), 무당춤이 추어진다.

본처 유씨에게 걷어차여
양반이 쓰러지자 놀란 본
처와 우처가 양반에게 달
려들어 몸을 주무르고 있
다.

양반을 살려내기 위해 옆집의 김참봉과 박수무당을 부른다. 김참봉이 물장구를 두드리며 경을 읽고 있다.

자인 팔광대놀이는 여타 도시탈놀음과 다른 몇 가지 특징이 발견된다. 먼저 길놀이가 전혀 없다. 농촌 가면놀음의 성격이 강하다. 놀이가 중간에 끊어지거나 광대의 입퇴장 없이 계속 이어진다. 지나치게 음탕한 장면은 없으며, 양반과 후처가 사랑을 나누는 노래가사가 돋보인다. 양반이 본처에게 차여 쓰러지나 결국 양반은 죽지 않고 살아난다. 양반이 희화되기는 하지만 결국 말뚝이를 제압하고 양반의 승리로 장식된다는 점이다. 줄타기흉내놀이를 삽입시켜 팔광대놀이의 정점으로 끌어간다.

쫄광대의 얼굴이다. " 오늘은 큰 단오날, 내 주제에 안묘에 제양은 못 올리고 멀리서 큰 절을 드렸지만 내가 잘하는 것은 쫄타는 것뿐이니 쭐이나 타면서 한바탕 놀아야겠다 "

봉산탈춤

황해도 전 지역에 걸쳐 전승되어 온 해서탈춤 중에서 현재까지 가장 잘 알려진 탈놀이다. 해서지방의 탈춤은 5일장이 서던 모든 장터에서 1년에 한 번씩 탈꾼들을 불러 놀았다고 한다. 봉산탈춤은 특히 일제시대에 들어와서 해서탈춤의 대표격이 되었다.

봉산탈춤은 약 200년 전에 이 고장의 이속(吏屬)들에 의해 놀아졌으며, 이 탈놀이에 나오는 재담은 어느 탈놀이보다 한시(漢詩)의 인용과 풍자적으

사자춤.

목중들이 인도하는 남여를 타고 등장하는 소무.

로 시문을 개작한 것이 많다. 이는 지방 이속들에 의해 봉산탈춤이 세습적으로 전해진 결과로 보고 있다. 산대놀이가 비교적 전업화된 놀이로서 관의 행사와 관련된 것에 비해 봉산탈춤은 주로 농민과 장터의 상인들을 상대로 한 놀이였다.

봉산탈춤은 세시풍속의 하나로 5월 단오날 밤 모닥불을 피운채 놓고 연희되며 새벽까지 계속됐다. 탈춤을 5월 단오에 노는 것은 조선조 말 이래의 일이고 전에는 4월 초파일에 등놀이와 함께 놀았다고 한다. 단오날의 탈판은 낮으로는 씨름과 여자들의 그네뛰기에 사용되다가 밤에는 장작불을 피워놓고

노장과 소무, 가사장삼에 백팔염주를 목에 두르고 송낙을 쓴 노승이 파계를 하여 소무와 놀아나고 있다.

밤새도록 탈놀이를 하였다.

봉산탈춤은 크게 7마당으로 나눈다. 제1마당은 사상좌춤으로 시작된다. 제2마당은 팔목중춤으로 건무가 있다. 제3마당의 사자춤에서는 사당과 거사의 춤과 노래가 이어진다. 제4마당은 노장춤으로 세 개의 놀이마당으로 구성되어 있다. 노장과 소무 놀이에 이어 신장수놀이가, 이어서 취발이 춤놀이가 벌어진다. 제5마당은 사자춤마당이며, 제6마당은 양반춤으로 양반들이 말뚝이에게 여지없이 조롱을 당한다. 제7마당의 미얄춤마당은 미얄과 영감 그리고 덜머리집과의 일부처첩의 싸움을 그리고 있다.

소무를 서로 차지하려고
싸우는 노장과 취발이.

결국 미얄이 죽고 지노귀굿으로 마무리가 된다. 마
지막으로 놀이에 쓰였던 탈을 불태우는 것으로 놀이
가 끝난다. 이 놀이 역시 산대도감계통극의 공통 주
제(벽사의 의식무, 파계승에 대한 풍자, 양반에 대한
모욕, 남녀의 대립과 갈등, 서민생활의 실상)를 담고
있다. 춤은 활달하고 경쾌한 것이 특징으로, 한삼을

노장을 물리치고 소무를 어르는 취발이.

취발이와 소무의 사랑놀음.

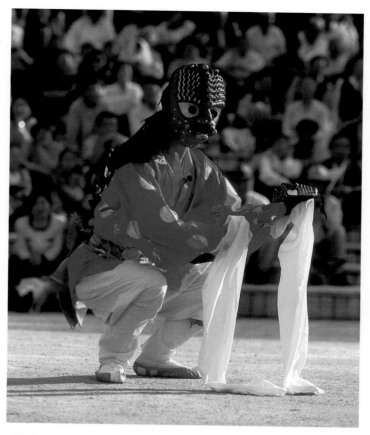

이용한 감고 푸는 춤과 두 팔을 빠른 사위로 굽혔다   아이를 안고 있는 쥐별이.
폈다 하는 '깨끼춤'이 기본춤이다.

　　1967년에 중요무형문화재로 지정되었으며, 양소
운·윤옥·김선봉·김기수·김애선 등이 예능 보유
자로 남한에서의 전수에 힘쓰고 있다.

강령 탈춤

황해도 옹진군 부민면 강령리에 전승되던 탈놀이다. 강령탈춤이 언제 어떻게 성립되었는지 알 수 없으나 19세기까지는 강령에 탈놀이패가 성립된 것으로 추정하고 있다. 옹진군 북면은 옛 수사의 본영이었던 곳으로 본영에서는 강령의 놀이패를 초치하여 놀았다고 한다.

사자춤. 말뚝이가 사자를 데리고 등장해 함께 춤을 준다.

강령탈춤은 매년 단오에 주민들(특히, 상인)의 자 말뚝이춤. 2명이 등장하
발적인 지원과 호응에 힘입어 이뤄졌다. 음력 5월 4 여 곤장춤과 채찍춤을 춘
일에는 길놀이가 시작된다. 5일과 6일에는 저녁부 다.
터 새벽무렵까지 밤새도록 놀았었다. 길놀이가 끝나
면 밤늦도록 마을에선 음식잔치가 벌어졌으며, 놀이
는 구경꾼들이 집으로 모두 돌아가야 끝이 났다. 놀
이마당은 주로 공청의 앞마당(미곡시장)이 이용되
었으니 수백명이 모여들어 즐겼다고 한다. 이 3일간
은 해주 감영에 나가서 도내 각지에서 모인 여러 탈
패들과 경연을 벌이기도 하였고, 그 중에 가장 잘 논

놀이패의 놀이꾼에게는 감사가 관기 하나를 상으로 하사하였다고 한다.

놀이의 구성을 보면 7마당으로 되어 있다. 제1마당은 사자춤·원숭이춤이다. 제2마당은 말뚝이춤이다. 제3마당은 목중춤이며, 제4마당은 상좌춤, 제5마당은 양반춤, 제6마당은 영감과 할미광대춤이다. 제7마당은 노승춤으로 팔목중춤과 취발이춤

양반근본타령으로 무가를 읊조리거나 쟝타령을 하는 등 스스로의 무식과 무능을 폭로하는 양반들.

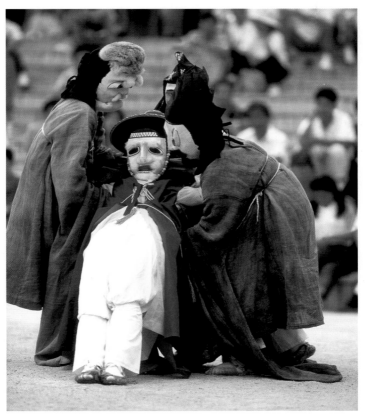

목중춤. 강령탈춤의 목중춤도 북방계 탈춤의 특징대로 크고 활달하다.

목중들의 인도를 받아 등장하는 노장.

소무와 노승. 노승이 소무와 놀아난다.

아들을 얻은 취발이. 노승으로부터 빼앗은 소무와의 사이에서 아들을 얻는다.

아들에게 언문타령을 가르치는 쉬발이

이 포함되어 있다.

내용 중에는 마한, 진한, 변한, 양반 삼형제가 나와 양반의 근본을 찾고 말뚝이를 부르거나 말뚝이가 재담하는 과정은 경남의 오광대와 비슷하며, 할미광대가 물레를 돌리는 장면은 가산오광대의 그것과 같다. 황해도 탈춤과 경기의 산대놀이가 끊임없이 교류한 사실은 널리 알려져 있으며, 아울러 위와 같은 오광대와의 유사점이 발견된다는 점에서 주목을 받고 있다.

한편, 같은 지역의 봉산탈춤과는 상이점이 발견되는데 첫째, 봉산탈춤의 탈이 이른바 귀면형의 나무탈인데 비해, 강령탈춤은 사실적인 얼굴의 탈인 점, 둘째, 강령탈춤의 기본의상은 주로 재색 칙베 장삼을 입고 그 소매 홍태기는 길어서 팔을 내리면 땅에

미알 할미춤. 허리를 강하게 위둘러 주는 엉덩이 춤이 특징이다.

할미를 위한 진오귀굿

닿을 정도인데 비해 봉산탈춤의 기본의상은 색이 화
려한 더러기인 점, 셋째, 강령의 춤사위는 느린 사위
로 긴 장삼소매를 고개 너머로 휘두르는 춤을 추는
데 비해 봉산은 깨끼춤이 기본인 점이 대표적이다.
강령탈춤에는 20여명의 인물형이 등장하고 19개
의 탈이 등장한다.

1970년 중요무형문화재로 지정되었으며, 김실자
(1928년생), 김정순(1932년생)이 예능 보유자이
다.

은율 탈춤

황해도 은율지방에 전승되던 탈놀이·은율탈춤은
봉산탈춤 및 강령탈춤과 서로 비교할 때 많은 영향
관계를 지적할 수 있다. 황해도 탈춤은 북으로 대동
강을 넘지 못한 반면, 남으로 중부 산대놀이 지역과
연결되어 있었다. 그 내용으로 보아 산대도감 계통
의 한 분파인 해서형으로서 은율탈춤은 바로 그 해
서형 탈춤의 하나이다.

이 놀이도 다른 황해도 탈춤의 경우와 마찬가지로
북쪽지방의 큰 명절인 단오에 2, 3일간 계속하여 놀 무당춤

사자춤.

먹중춤.

말뚝이에게 조롱을 당하고 있는 양반들.

앉고, 사월 초파일이나 칠월 백중에도 놀아졌다. 은율에서는 '놀탈'이라는 말을 써왔는데, 그것은 '탈놀이꾼', '한량', '건달'이라는 의미로 쓰였다고 한다. 마 숲에서 탈을 만들어 평소에 연습을 해두었다가 단오날이 되면 전원이 숲속에 모여 탈고사를 지내고 음복한 다음, 길놀이를 사작하여 산당(山堂)집이라는 주막도 들르고 어두워지면 동네를 한 바퀴 돌고서 아랫 장마당에서 놀이판을 벌였다고 전한다.

놀이구성은 사자춤놀이를 시작으로 헛목춤 – 팔목중춤 – 양반춤 – 노승춤 – 영감과 할미광대춤마당의 순으로 되어 있다. 은율탈춤에서 특기할 만한 내용으로는 노승마당에서 소무가 취발이의 아이를 낳는 여타 다른 탈춤과는 달리 아씨 역인 새맥시가 원숭이와 음란한 수작을 하여 아이를 낳으면 최괄이

원숭이가 말뚝이로부터 새맥시를 빼앗아 음란한 행위를 하고 있다.

최괄이가 노승으로부터 새맥시를 빼앗아 가고 있다.

은율탈춤을 다시 복원하는데 결정적인 역할을 한 고(故) 장용수옹.

가 자기 아이라고 어르는 점과, 다른 탈놀이에서는 노승이 시종 말이 없는 것과는 달리 중타령도 하고 진언도 한다는 차별성이 발견된다. 또한 최괄이가 아이를 어르는 꼬뚝이타령과 노승을 꾫려주기 위해 부르는 대꼬타령, 병신난봉가, 영감과 미얄광대가 대면할 때의 나니가타령이 재미있고 특징적이다. 춤사위는 봉산탈춤과 큰 차이가 없으며 탈은 종이탈이다.

현재의 은율탈춤은 월남한 장용수옹의 구술을 바탕으로 하였으며, 1978년에 중요무형문화재로 지정되어 인천직할시에 전수회관을 두고 전수활동을 벌이고 있다.

송파 산대놀이

옴중춤.

먹중이 등장하여 옴중과
재담을 주고 받는 모습.

서울특별시 송파구 송파지역에서 전승되던 탈놀
이의 하나로서 산대도감계통의 중부형에 속한다.

송파 산대놀이가 전승되었던 송파나루는 조선 후
기 전국에서 가장 큰 15개 향시 가운데 하나였던
'송파장'이 서던 곳으로 270여 개나 되는 객주
가 있어 산대놀이가 유지될 경제 여건이 갖춰졌던
곳이다.

송파에서 200년 전부터 산대놀음을 놀았다는 설
이 있으나 확인할 길은 없다. 송파 산대놀이가 번성
할 때는 구파발, 아현, 양주, 퇴계원 등 인근의 탈꾼
들이 와 놀이에 끼었다고도 한다.

조선시대 송파에서 큰 장이 설 때에는 정월 초순
에 놀이꾼들이 산대놀이를 놀았고, 또 사월 초파일,
오월 단오, 칠월 백중, 팔월 한가위와 같은 명절마다

연닢춤.

놀게 되었는데 칠월 백중에 가장 크게 놀았다. 을축년
(1925) 대홍수 이후에는 큰 놀음을 벌이지 못하고
놀기 좋아하는 몇몇 놀이꾼들이 가끔 놀다가 무형문
화재로 지정된 다음에는 년1회 이상 정기공연 형식
으로, 초청공연 형식으로 산대놀음이 벌어지고 있다.

송파 산대놀이는 본격적인 놀이에 앞서 탈판을 동
네에 알리는 '길놀이'와 탈을 모셔놓고 작고하

노장이 소무를 데리고 노는 모습.

쉬빨이가 마당쇠(쉬빨이 아들)를 얻고서 좋아하고 있다.

할미가 죽은 다음 무당을 불러 진오귀굿을 하는 도깨누이(할미의 딸).

신 선배 탈꾼들에게 드리는 '고사'가 있다. 고사가 끝나면 '상좌마당'이 시작된다. 상좌 둘이 나와 사방에 춤을 추는 의식무이다. 이어서 '옴중 먹중마당'으로 중으로서의 풍모를 잃은 옴중이 먹중에게 조롱당하는 내용이다. 다음은 '연닢과 눈꿈적이마당'이다. 양반이지만 병신인 관계로 천인들의 놀이판에 동질감을 느껴가는 모습을 그렸다. 여섯째 마당은 '애사당 북놀이마당'으로 애사당을 돈으로 희롱하는 중들의 타락상을 그렸다. 일곱째 마당은 '곤장놀이마당'으로 완보(먹중)가 타락한 중(팔먹중)들을 곤장을 쳐 응징하는 모습이다. 다음은 '침놀이마당'이다. 아홉째는 '노장마당'으로 힘없고 늙은 중에 불

할미의 아들인 도끼.

과한 노장이 인간본능을 이기지 못해 결국 파계하는 모습을 그렸다. 다음은 '신장수마당'으로 장사꾼 신장수가 노장에게 오히려 손해보는 모습을 그렸다. 그 다음은 '취발이마당'이다. 민중의 대변자인 취발이가 허위의식과 권위의 상징인 노장을 물리치는 모습이다. 다음은 양반들을 골탕먹이는 '샌님·말뚝이마당'이고, 열세번째로 힘센 권력에 첩을 빼앗기는 '샌님·포도부장'마당이 이어진다. 마지막은 부부처첩간의 갈등을 그린 '신할아비와 신할미마당'이다. 송파 산대놀이는 양주 별산대놀이와 거의 비슷하나 비교적 옛 형태를 지닌 것으로 보고 있다.

양주 별산대놀이

양주 별산대놀이는 약 200~150년 전부터 양주목이었던 경기도 양주읍에서 해마다 4월 초파일이나 오월단오 그리고 8월 한가위와 같은 명절, 또한 기우제를 지낼 때에 놀아지던 탈놀음이다. 요즈음은 양주군 주내면 유양리 전수회관 앞 뜰에서 놀기도 하고, 각종 행사 때 연희된다.

'산대'란 말은 잡희를 노는 일종의 높은 놀이판을 가르키는 말이나, 오늘날에는 간소화되어 야외무대에서 노는 마당놀이가 되었다. 양주 별산대는

고사. 탈을 진열해 놓고 고사를 지낸다.

전체 8마당으로 구성되어 있으며, 도입부분에 길놀이와 고사가 별도로 거행되며 마무리에서는 진노귀굿을 한다.

상좌춤. 판을 여는 의식무이다.

　제1마당은 의식무인 '상좌춤'이다. 제2마당은 옴중과 상좌놀이이다. 제3마당은 목중과 옴중의 놀이다. 제4마당은 연잎과 눈꿈적이마당으로 연잎은 하늘을 쳐다보고 눈꿈적이는 땅만 내려다보면서 등장하는 것이 특기할만 하다. 제5마당은 팔목중놀이다. 이 마당은 세 거리로 구성되어 있다. 먼저 목중들이 등장하여 염불놀이를 한다. 이어서 말뚝이

애사당 법고놀이에서 왜장녀가 배를 내놓은 채 엉덩이춤을 추고 있다.

왜장녀에게 화대를 지불하고 왜장녀딸을 산 목중이 왜장녀딸을 업고 논다.

애사당의 법고채를 뺏어 법고를 치는 목중.

법고채를 들고 춤을 추는 목중.

법고를 빼앗아 들고 법고를 치던 목중과 재담을 주고 받으며 노는 완보.

놀이판에 나타난 취발이
와 대적하는 노장.

의 침놀이가 행해지고 애사당 법고놀이가 이어진다.
제6마당은 노장놀이다. 이 마당도 세 거리로 나눠
볼 수 있다. 먼저 파계승들이 등장하여 논다. 이어서
신장수놀이가 벌어진다. 노장이 소무에게 선물할 신
을 신장수가 노장에게 팔아먹고도 돈을 못 받아내고
당하는 내용이다. 그리고 취발이놀이가 놀아진다. 취
발이는 노장의 파계를 꾸짖고 소무를 빼앗아 사랑놀
이 끝에 아이를 갖게 된다. 제5마당과 제6마당은
모두 파계승놀이에 해당한다. 제7마당은 샌님(양
반) 놀이다. 이 마당은 두 거리로 구성된다. 첫 거리
는 의막사령놀이로 양반이 말뚝이에게 조롱을 당하
고, 둘째 거리에서는 포도부장놀이가 놀아지는데 관

아들을 얻고 좋아하는 취발이. 글자공부를 시킨다.

양주 별산대놀이에 등장하는 광대들.

원인 젊은 포도부장이 늙은 양반의 소첩을 빼앗는 내용이다. 제8마당은 신할아비·미얄할미놀이로서 신할아비의 박대로 미얄할미가 죽는다.

양주별산대놀이는 산대놀이계통의 공통 주제인 양반사회와 파계승을 풍자하여 세상 됨됨이를 비판하고 서민생활의 애환을 담고 있으며, 벽사의 의식무와 굿의 형식을 가미하였으며, 해학적인 내용과 방식으로 짜여 있다. 모두 32명의 광대, 22개의 탈이 등장한다.

1964년에 중요무형문화재로 지정되어 보존되고 있다.

발탈

　발탈놀이는 사람이 직접 탈을 쓰고 노는 탈춤놀이
와 인형을 조종하여 노는 꼭두각시놀음의 중간형태
의 놀이로서, 크게 재담과 발탈놀이로 구성된다. 발
탈은 규모가 작은 판놀음의 하나로 광대들의 예능이
라 할 수 있으며, 이른바 발탈꾼과 어릿광대의 어울
림에서 전승되는 재담 이외에는 거의 현장성이 우세
한 것으로 보아 즉흥성이 짙은 놀이라 하겠다.

　발탈의 기원은 확실하지 않지만 꼭두각시와 비슷
하게 놀아진 것으로 추정된다. 현존하는 발탈은 고
이동안옹의 스승 박춘재로부터 이어진 것이며, 박춘
재와 동시대인으로서 김덕순 · 조갑철 · 오명선 등이
발탈을 놀았다고 한다. 그 이전의 계보에 대해서는
알려진 바 없으며, 남사당패에서도 발탈을 놀았다고
전한다.

　발탈놀이판은 검은 포장을 직사각형으로 치고 탈
꾼은 그 속에 들어 앉아서 발탈을 움직인다. 포장 안
에는 탈꾼이 비스듬히 누워서 놀 수 있도록 침대와
머리를 받쳐주는 베개와 등받침, 발목을 받쳐주는

발받침이 있으며, 발만 포장 앞에 내놓을 수 있게 포
장 앞부분이 터져 있다. 놀이의 형식은 탈꾼이 포장
막 안에 누워서 발꿈치를 움직여 탈의 감정을 표현
하는 것과 대나무로 조종하는 팔놀음 등 두가지의
기본기를 바탕으로 하여 노래와 춤, 그리고 재담으
로 엮어 나간다. 주인과 여자가 포장막 밖에서 탈꾼
을 상대해 주며, 양 옆에는 피리, 젓대, 해금, 북, 장구
(때로는 꽹과리) 등 삼현육각이 반주를 해준다. 발

탈은 발목을 상하나 좌우로 틀어 움직이는 것, 밑으로 내리는 것 등이 있다. 발탈놀이의 주역인 탈꾼은 발바닥에 탈을 쓰고 대마루로 만든 팔을 옆으로 벌려 그 위에 저고리와 마고자를 입히며, 조역인 주인은 회색 바지, 저고리에 조끼를 입고 부채를 들며, 여자역은 노랑저고리에 빨간치마를 입는다. 재담은 팔도 유람꾼인 탈꾼이 어물전 주인과 만나, 처음에는 경기도 이북지역을 유람하면서 노래도 부르다가 먹는 타령도 하는 등 거의 서민들의 살림살이에서 나오는 희로애락이 주가 된다.

1983년에 중요무형문화재로 지정되었으며 박해일이 보유자로서 맥을 이어가고 있다.

2. 제례 및 의식

■ 유교 제례

종묘제례

  종묘란 조선시대 역대 왕과 왕비의 신주를 봉안한 사당을 말한다. 종묘에는 정전과 영녕전이 있다. 정전에는 19실이 있어 19위의 왕과 30위의 왕후 신주가 모셔져 있고, 영녕전에는 정전에서 조천된 15위의 왕과 17위의 왕후와 의민황태자의 신주를 16실에 모시고 있다.

  종묘에서 모시는 제사에는 그 시일에 따라 정시제와 임시제가 있었는데 이를 종묘제례 또는 대제(大祭)라 부른다. 정시제는 일정한 기일에 행하는 제사

왕이 제장(祭場)으로 들어가는 모습.

전앙죽례(奠香祝禮)

이다. 조선시대의 정시제로는 종묘의 사시 및 납일의 5대제, 영녕전과 사직의 춘추 및 납일의 3대제, 선원전의 탄신다례 등이 있었다. 임시제는 나라에 길흉사가 있을 때에 지내는 고유제다. 종묘의 정시제는 정월, 4월, 7월, 10월 즉, 사계절의 첫째달에 지내고, 영녕전에서는 정월과 7월의 두 번만 지냈다. 그 밖에 계절에 따라 신곡이나 햇과일이 나오면 올려 고유를 하였으니 천신제라 했다. 근년 전주이씨 대종약원이 주관하여 향사하게 되면서부터는 매해 5대향이던 것을 일 년에 한 번만 지내는 것(5월 첫 일요일)으로 바꾸어 봉행하고 있다.

대제에는 왕이 친히 참석하여 봉행하는 친행제와

헌가. 댓돌 아래 마당에서 연주하는 음악.

높은 관원에게 대행케 하는 섭행제로 나뉘었다. 제례절차는 신을 맞이하는 영신, 인사를 드리는 전폐, 간단한 음식을 올리는 진찬까지가 앞 절차이고, 그 중심적인 절차는 술잔을 세 번 올리는 절차 즉, 초헌, 아헌, 종헌이다. 뒷 절차는 제기를 걷는 철변두와 신을 배웅하는 송신이다. 대제 하루 전날에 전향축례(奠香祝禮)의 제찬을 진설하고, 분향, 분축을 한 다음 대제날에는 신관례, 초헌례, 아헌례, 종헌례, 음복례, 망료의 순으로 진행한다.

제물은 익히지 않고 생식으로 올린다. 이는 화식할 줄 모르고 나무 열매·새고기·짐승의 고기나 그 모혈(毛血)을 먹었던 옛날을 상고하기 위함이

문무(보태평지무). 64명의 무용수가 사방 여덟 줄이 되게 정방형으로 서서 팔일무를 춘다.

종묘제례를 올리고 있는
모습과 종묘 전령.

관세, 제관들이 신실에 오
르기 전에 관세대에서 손
을 씻는 의식.

헌작례. 가장 중심의례인 술잔 올리는 모습. 술은 죠헌, 아헌, 죵헌 해서 3번 올린다.

사배(四拜) 모습.

다. 제향에는 악기와 놀이와 춤을 완전히 구비한 이른바 악(樂)·가(歌)·무(舞) 일체의 제례악이 따른다. 고박하면서도 장중한 아름다움을 지니고 있다.

종묘제례는 1975년에 중요무형문화재로 지정되었으며, 종묘는 1997년에 유네스코가 지정하는 세계문화유산으로 등록되어 세계적인 보호문화재가 되었다.

석전대제

석전(釋奠)은 문묘에서 선성(先聖), 선사(先師)
에게 드리는 제례의식을 말한다. 일명 석채(釋菜)·
석전제라고도 한다. 석(釋)과 전(奠)은 '놓는다'
의 뜻이며, 간단하게 채소를 차려놓고 지내는 제사
를 말한다.

신성과 선사는 누구를 말하는지 확실치 않으나 본
래 주공을 제사하다가 한나라 이후 유교가 중요시
된 때부터 공자를 제사하는 의식이 되었다. 우리나
라에서도 유교가 전래된 이후 이 제사가 행하여졌는

제관 및 취위. 제관들이 입
장하여 자리를 잡고 있다.

무무. 전폐, 아헌, 종헌 때 춘다.

등가, 석전대제에 쓰이는 예악의 일종.

축문을 읽는 독축의 .

데 <고려사>의 "국초부터 문선왕묘를 국자감에 세웠다"는 기록으로 보아 오래전부터 석전제를 지낸 것으로 보인다.

매년 봄과 가을 두 차례(2월과 8월)에 걸쳐 첫 정일(丁日)에 거행하며 제물도 후세에 이르러서는 고기ㆍ과일 등을 함께 올렸다. 예악이 존중되던 석전은 국가의 큰 의례여서 석전대제라 부르게 되었다. 석전에 필연적으로 악무가 따르게 되는데 다음과 같다.

먼저 영신을 하는데 응안지악으로 9성이 연주되며 이 때에 일무의 문무를 추게 된다. 다음으로 전폐를 행하는데 명안지악으로 남려궁이 연주되고, 등가와 무무를 춘다. 이어 초헌례가 따르는데 성안지악으로 남려궁이 연주되고 등가와 무무를 춘다. 그 다

석전대제의 쓰였던 지방 및 축문 등을 태워버리는 망료례.

석전대제에 참여한 전국의 유림들이 참배하기 위해 차례를 기다리는 모습.

음에 공악(空樂)으로서 서안지악의 고선궁을 연주되며, 헌가와 일무는 없다. 그리고 아헌례가 이어진다. 이때는 성안지악으로 고선궁이 연주되며, 헌가와 무무가 있다. 다음으로 종헌이 있고 철변두가 뒤따른 다음에 송신이 이뤄진다. 송신례에는 응안지악의 송신 황종궁이 연주되며 헌가가 있다. 마지막으로 망료로 마무리를 짓는다. 망료는 송신 때와 같은 음악·춤이 따른다.

석전은 국가행사로 옛날에는 임금이 초헌관을 맡았으나 해방 이후로 문교부장관이 맡은 일도 있었으며 현재는 성균관 관장이 맡고 있다. 석전대제는 시종일관 정숙하고 장중한 분위기 속에 진행된다.

1986년에 중요무형문화재로 지정되었으며, 보유자는 권오흥이다.

유월장

　　사람이 죽은 그 달을 넘겨서 다음달에 치르는 장
사법이다. 전통적인 유가에서 행하여졌다. 갑오경장
이후 7일장이나 9일장을 치르도록 촉구되었으나
사대부집안에서는 계속 시행되었으며, 최근에도 그
실시사례가 있다. 유월장은 중국의 한나라와 당나라
시대에 대부는 3월장을 지내고 하급관리인 사(士)
는 유월장을 지내도록 규정한 데서 비롯되었다고 한
다.

　　우리나라에서는 고려말과 조선초기부터 시행되었

아침에 해가 뜨면 조전(朝
奠)을 올린다. 남자들이
조전을 드리는 모습.

발인 모습

장지로 향하는 운구행렬. 수많은 만장이 장관

묘를 지키는 방상씨.

하관 모습.

다. 그 뒤 유교의 성행에 따라 우리나라의 선비들도 유월장보다 3월장을 행하는 경우가 많았으며, 일제 강점기에 일제가 단장(短葬)을 강행시킴에 따라 유월장조차 차츰 자취를 감추게 되었다. 그러나 아직도 유가의 후예들 사이에서는 유월장을 지내는 사례가 간혹 이어지고 있다. 주로 경상도의 유림으로서 덕망과 학식이 뛰어난 인물이 돌아가셨을 때 행해진다. 최근 경상남도 산청과 합천에서 있었던 김황과 권용현의 장례가 그것이다.

여기에 소개된 유월장은 1997년 1월 14일 경상북도 청도군 이서면 신촌리의 인암(忍庵) 박효수(朴孝秀)의 유월장이다. 인암은 91세로 작고하였다.

일설에 의할 것 같으면, 유월장의 풍습은 사람이 죽었다가 한 달만에 살아난 일도 있었기 때문에 생겨난 것이라고도 한다.

달구질. 묘를 다지는 작업이다. 달구소리에 맞춰 발을 맞춘다.

영광의 전경환 장례

영광 우도농악의 상쇠였던 전경환의 장례모습이다. 영광 우도농악보존회장으로 치러진 장례식은 1999년 9월 5~6일 양일간 영광우도농악전수관과 장지에서 이뤄졌다.

전경환은 전라북도 영광에서 태어나 가야금병창, 가야금산조, 피리시나위 및 씻김굿음악, 부포놀음 및 상쇠, 아쟁산조, 소리북, 살풀이춤 등을 능수능란하게 풀어내던 전문예인이었다. 장례 역시 고인의 경력에 걸맞게 출상 전날 자리걷이씻김굿을 한 다음에

출상 전날 밤 석전(저녁에 올리는 전)을 올리고 있다. 전(奠)이란 고인을 생시와 똑 같이 섬긴다는 의미에서 제물을 올리는 절차다.

2) 문상을 온 사람들이 소지 종이에 고인에 대한 추모의 마음과 명복을 기원하는 글을 써 '소지 올리기'를 하였다.

문상을 온 사람들이 소지 종이에 고인에 대한 추모의 마음과 명복을 기원하는 글을 써 '소지 올리기'를 하였다.

　추모의식이 이어졌다. 저녁을 먹고 빈상여놀이가 행해졌으며, 이어 영광 우도농악회원들이 마련한 풍물 판굿('해원판굿'이라 이름을 붙임)으로 밤을 새웠다. 날이 밝자 발인제를 지내고 상두꾼들이 멘 꽃상여가 고인의 생존시 거처하였던 집에 들러 노제를 지낸 다음, 꽃상여로 영광읍내를 가로질러 외곽으로 빠졌다. 그곳에서 마지막 노제를 지내고 난 후에는 장의차에 실려 장지로 갔으며, 장지에 이르러서는 근래의 장의절차에 따라 장례의식이 치러졌다. 이처럼 유례풍의 장례의식에다 씻김굿과 풍물판굿을 종합하여 치른 장례였다.

빈상여놀이 – 운구행렬에 참여할 여성 지인들만으로 빈상여놀이를 해보고 있다.

자리걷이씻김굿은 진도의 곽머리씻김굿에 해당하
는 것으로 죽은 망자의 관 앞에서 출상 전날 치러주
는 영광지방의 씻김굿이다. 이날 씻김굿은 고인과 평
소에 굿을 함께 하였던 법성포의 최정옥단골이 주재
하였다. 추모의식은 일반적으로 치러지는 행사절차
에 준하여 진행되었으나 추모하는 사람들이 대부분
판소리나 남도민요 그리고 살풀이춤을 추는 등 소리
와 춤으로 추모의 염을 표현하였다. 빈상여놀이는 출
상 전날 밤 빈상여를 메고 선소리꾼과 상여멜 상여꾼
들이 모여서 발을 맞춰보거나 상주를 위로하는 놀이
다. 전국적으로 분포되어 있으며, 지역에 따라 '생
여돋음' 혹은 '손모듬' 혹은 '길거리', '개도
덤', '대뜨리' 등으로도 불린다. '해원판굿'은
고인이 평소에 쳤던 영광 우도농악 판굿을 그의 제자

발인제 – 꽃상여에 관을
올려놓은 다음 발인제를
지내는 모습.
8-1) 발인제에서 여자 유
족들이 절을 하고 있다.

고인이 살았던 집으로 향하는 운구행렬. 행렬은 만장이 맨 앞에 서고 젊은 제자들로 구성된 풍물패가 그 뒤를 이었으며, 여자회원들과 고인의 여성 지인들이 상여와 연결된 끈을 잡고 앞서 나아갔다.

들과 동료들이 고인을 위하여 한판 쳐준 것으로서 일반적인 장례에는 없는 절차다. 고인이 한평생을 벗하고 키워낸 농악을 쳐줌으로써 고인의 저승길 외로움을 덜어줌과 동시에 명복을 빌어주기 위해서 마련한 특별 절차였다. 이날 밤에 친 판굿은 영광 우도 농악이 평소에 치는 굿과 똑같았지만 명칭은 취지에 맞게 '해원판굿'이라 명명하였다.

하관과 가황대를 끝내고 유족들이 흙을 덮는 모습

출상 이후의 장례절차는 유례풍으로 진행되었다. 출상날 행해진 전경환의 장례절차는 하직인사—장례식(살풀이춤이 첨가)—발인제—꽃상여나가기(발인)—노제—하관—가황대—평토제—성분으로 진행되었다.

■ 불교제례

영산재

불보살과 재 받을 영가를
모셔들이는 시연(侍輦) 행
렬.

불교의 영혼천도 의례 중 가장 대표적인 재이다. 영산재는 석가모니불의 설법회상인 영산회상을 오늘날에 재현한다는 상징적인 의미를 지니며, 이 법회를 통해 영혼을 발심시키고, 그에 귀의하게 함으

바락줌.

로써 극락왕생하게 한다는 의미를 갖게 된다. 일명 영산작법이라고도 부른다.

범패승들은 처음 상주권공을 배우고, 각배를 배운 다음에 마지막으로 이 양산재를 배우게 된다. 옛부터 '1일 권공, 3일 영산'이라 하여 영산재는 3일이 나 걸리는 대규모의 재인만큼, 재에 쓰이는 범패의 곡목수도 많다.

영산재를 진행하려면 먼저 의식의 내용에 따라 의 식승려의 진용이 정해져야 한다. 그 진용은 재의식을 증명하는 증명법사, 설법을 맡는 회주, 의식의 총지 위격인 법주, 범패와 의식무용 및 그 반주 등을 맡는 어산, 범음, 범패승, 그리고 종 치는 일은 맡아 보는

바라춤. 쵸파일에 밝힌 연등이 보인다.

짓소리. 불교음악인 범패의 일종.

법고춤. 일체의 죽생들이
고통으로부터 해탈하라는
염원이 담긴 춤.

종두, 북들 치는 고수와 그 밖의 일들을 맡아 보는 조
수격 등 여러 분담이 있게 된다.

의식의 진행절차는 법의을 입은 의식승이 앞자리
에 정좌함으로써 시작된다. 엄숙하고 경건한 순간이
한동안 계속되는데, 그때 신도들은 오직 기원드리는
것으로 일관한다. 이어 '시연'을 시작하는데 신
앙의 대상인 불보살과 재를 받을 대상인 죽은 영가

나비춤.

를 모셔오는 의식이다. 이어 대령·관욕·신중작법
을 행하는데 여기까지가 선행의례(序齋)이다. 그리
고 본격적인 영산작법이 진행된다.

　괘불을 의식도량에 옮기는 의식인 '괘불이운',
영산회상이라고 하는 대법회도량의 권공의식인 '상
당권공의례'가 이어지는데 시식의례로 진행된다.
이어서 식사의 공덕을 일깨우는 불교 식사의례로서

회향의식. 의식에 참여한 모든 대중이 다같이 참여하는 특징을 보인다.

의 '식당작법'을 행한 다음 영혼에게 제물을 들게 하는 '상용영반'이 이어진다. 상용영반이 끝나면 재를 개설한 사람들의 소원을 사뢰게 되는 축원문이 낭송되고 끝으로 회향의식을 거행한다. 1973년에 중요무형문화재로 지정되었으며, 장태남·박희덕·정순정·이재호가 보유자들이다.

지은이 정 수 미 (鄭秀美)

경원 전문대학 사진영상과 졸업

경 력

– 대한민국 사진대전 2회 입선 (줌공연사진) · 청구문화재 사진부문 대상 (밀양백중놀이) ·
문화재 사진 공모전 대상 (밀양 백중놀이 하용부) · 인천 세미누드 촬영대회 금상 · 한국 국제
사진전 은상 · '97 문화유산의 해 조직위원회 감사패 · 그외 다수의 입상과 입선

전 시 회

– '고 ' 김소희 선생님 49제 주모사진전 :" 고운님 여의옵고 " 개최, (칠보사) · '97 문화유산의
해 중요무형문화재 예능종목 전시회, (국립민속박물관) · 연간 회원전 3회 · 청소년문화마당
중요무형문화재 예능종목 사진전 개최(경주 서라벌문화회관)

현재활동

– 한국사진가협회 회원 · 한국기고가 협회 회원 · 한국광고사진가협회 회원 · 전통문화사진
연구소 소장

출 판 물

– 가칭 " 한국의 민속 ", [서문당] 제작 중], (70 여 종목수록) · 대원사 판소리 사진부문 담당 ·
서울의 마을굿 12 월 중 전시 및 출판예정. (문예진흥기금 지원) · 이리농악 기록 사진담당(문
화재청)

참여출판물

– 무형문화재대관 제작 참여(문화재청)

한국의 굿놀이(상)   값 7,000 원

초판 인쇄 / 2001 년 5 월 1 일
초판 발행 / 2001 년 5 월 10 일
지은이 / 정 수 미
펴낸이 / 최 석 로
펴낸곳 / 서 문 당
주 소 / 서울시 마포구 성산동 54-18 호
동산빌딩 2 층
전 화 / 322-4916~8 팩스 / 322-9154
등록일자 / 2001. 01. 10
창업일자 / 1968. 12. 24
ISBN 89-7243-509-0   등록번호 / 제 10-2093 호
89-7243-200-8(전 500 권) 잘못된 책은 바꾸어드립니다.